钢结构新型节能整体式墙板的开发与研究

戚 豹 著

U0319069

Steel structure of new energy-saving monolithic wallboard development and research

江苏大学出版社
JIANGSU UNIVERSITY PRESS

镇 江

图书在版编目(CIP)数据

钢结构新型节能整体式墙板的开发与研究/戚豹著
. —镇江:江苏大学出版社,2017.11
ISBN 978-7-5684-0662-8

Ⅰ.①钢… Ⅱ.①戚… Ⅲ.①钢结构—墙板—研究
Ⅳ.①TU33

中国版本图书馆 CIP 数据核字(2017)第 285404 号

钢结构新型节能整体式墙板的开发与研究
Gang Jiegou Xinxing Jieneng Zhengtishi Qiangban De Kaifa Yu Yanjiu

著　　者/戚　豹
责任编辑/张小琴
出版发行/江苏大学出版社
地　　址/江苏省镇江市梦溪园巷 30 号(邮编:212003)
电　　话/0511-84446464(传真)
网　　址/http://press.ujs.edu.cn
排　　版/镇江文苑制版印刷有限责任公司
印　　刷/虎彩印艺股份有限公司
开　　本/718 mm×1 000 mm　1/16
印　　张/15.5
字　　数/290 千字
版　　次/2017 年 11 月第 1 版　2017 年 11 月第 1 次印刷
书　　号/ISBN 978-7-5684-0662-8
定　　价/45.00 元

如有印装质量问题请与本社营销部联系(电话:0511-84440882)

前　言

　　钢结构建筑体系应用于民用建筑具有独特的优势,与其他建筑通用体系相比,其主要特点是自重轻,可减轻建筑物的重量约 30%,可以建设在地质承载力低的地方和地震烈度较高的地区;布置灵活、开间大,使房型丰富,一般的结构使用面积只有建筑面积的 70% 左右,而钢结构建筑可达到 80%～85%,有效地增加了使用面积与可利用空间;可以工厂化生产,提高劳动生产率;施工周期大大缩短,钢结构建筑施工周期比混凝土建筑施工周期可缩短一半,减少湿作业量,且其节能指标可达 65% 以上。而钢结构建筑产业化是目前建筑行业发展的重点,也是我国钢结构产业发展的必经之路,它将成为推动我国经济发展的新的增长点。目前,钢结构体系易于实现工业化生产、标准化制作,而与之相配套的能够成熟应用、性能优越、适应工业化生产和标准化制作的墙体非常少,因此研究和开发一种适应钢结构建筑体系且节能环保的新型预制标准化墙体对于钢结构建筑在我国的推广将起到重要的推动作用。改革开放特别是进入 21 世纪以来,我国建筑钢结构产业化得到了长足发展,但与发达国家相比,仍存在诸多问题,其中标准化、部品化和装配化层次较低,日益影响到行业的可持续发展。

　　我国当前还没有系统的、完善的围护墙板的设计及施工方法,也没有成熟的构造技术可供参考,本书归纳总结现有钢结构建筑墙体中主要存在的一些构造问题,借鉴国内外先进的经验,开发了技术成熟的钢结构建筑新型节能整体式外挂墙板,且从构造技术上解决与结构主体的连接、密封等构造与施工技术问题,改善钢结构建筑的室内环境,提高节能效果,并提出相应的围护墙板构造做法和技术,以供钢结构设计人员和施工人员参考。

　　本书开发的钢结构建筑新型节能整体式外挂墙板及构造技术,不仅可以改善墙板的使用性能,而且符合我国节能标准和防火的要求,对于促进钢结构建筑在我国的应用,以及推动我国钢结构建筑产业化的进程具有重大意义。

本书在编写过程中参阅了大量的国内外文献,在此向各位作者和对本书的出版提供帮助的江苏建筑职业技术学院张晓丹和孙韬副教授表示诚挚的谢意!由于作者水平有限,书中难免存在一定的问题与不足之处,恳请读者批评指正,作者将在今后的研究中不断改进与完善。

目　录

1 绪 论

1.1 钢结构建筑的发展现状

1.1.1 概述

随着国民经济的高速发展和人民生活水平的提高,人们对建筑物的数量、质量和功能提出了更高的要求。从建筑物建设和社会可持续发展的要求出发,传统的建筑结构与生产方式已不能满足当代建筑的发展需求。着力发展钢结构建筑、实现钢结构建筑产业化,不但可以从根本上改变现有建筑经营方式,还有利于我国建筑水平与世界接轨。我国钢产量年年攀升、稳步增长,也可为钢结构建筑产业化推进提供强有力的保证。钢结构建筑作为一种高效、低碳、环保的绿色建筑,势必将成为新时代人们工作、娱乐和生活的最佳居所。

1. 钢结构建筑的优点

目前,广泛的研究和实验分析表明,钢结构建筑体系应用于民用建筑具有独特的优势,与其他建筑通用体系相比,其主要特点有:① 自重轻,可减轻建筑物的重量约 30%,可以建设在地质承载力低的地方和地震烈度较高的地区;② 布置灵活、开间大,房型丰富,一般的结构使用面积仅有建筑面积的 70% 左右,而钢结构建筑可达到 80%~85%,有效地增加了使用面积与可利用空间;③ 可以工厂化生产、提高劳动生产率;④ 施工周期大大缩短,据研究,钢结构建筑施工周期比混凝土建筑施工周期可缩短一半,减少湿作业量,且其节能指标可达 65% 以上。

1) 钢结构材料自重轻,可显著降低基础工程造价

根据比较,6 层轻钢结构建筑的重量仅相当于 4 层砖混结构建筑的重量。对于框剪结构,当外墙采用玻璃幕墙、内墙采用轻质隔墙时,包括楼面活载在内对于钢筋混凝土结构的上部结构全部重力荷载为 $15\sim17\ kN/m^2$,其中梁、板、柱及剪力墙等自重为 $10\sim12\ kN/m^2$。但是对于钢结构全部重力荷载为 $10\sim$

12 kN/m^2,其中,钢结构和混凝土楼板自重为 $5\sim6 \text{ kN/m}^2$。由此可知,两类结构自重比例约为 $2:1$,全部重力荷载的比例约为 $1.5:1$,所以这两类结构传至基础的荷载差别是十分惊人的。

2)钢结构的抗震性能优于钢筋混凝土结构

由于钢材属于金属晶体具有各向同性的性质,有很高的抗拉、抗压和抗剪强度,更重要的是钢材具有良好的延性。在地震的作用下,钢结构因其延性能减弱地震反应。而且钢材属于较理想的弹塑性结构,可以通过结构的塑性变形吸收和消耗地震输入能量,有效抵抗强烈的地震。

3)质量容易保证、施工速度快、周期短

钢结构施工的最大特点就是钢构件在工厂制作,因此钢结构的质量容易保证。钢结构一般为现场安装,作业比重大,而且基本不受气候影响。混凝土楼板的施工可与钢结构安装交叉进行。在上部安装柱、梁、板的同时,下部可以进行内部装饰、装修工程。因此钢结构的施工速度常比钢筋混凝土结构快 $20\%\sim30\%$,可使工程提早投入使用、投资人在经济效益上提早获得回报。如纽约帝国大厦,高 381 m,共 102 层,建设周期仅为 1 年多;湖南高 200 多米的"小天城",仅用 19 天即完成建造过程。

4)符合建筑产业化和可持续发展的要求

钢结构建筑现场作业量小、无噪声、不污染周围环境,改建和拆迁容易,材料的回收和再生利用率高。其环保节能的特点主要体现在两个方面:

(1)该类型建筑一般采用全封闭式保温隔热防潮系统,温度变化小、热损失低。不论冬夏都具有舒适的居住环境。当室外温度为 0 ℃时,室内温度仍可以保持在 17 ℃以上;室外温度达到 30 ℃的情况下,室内温度仅为 21 ℃左右。

(2)与砖混结构建筑相比,同样楼层净高条件下钢结构围护墙体面积小,冬夏季空调设备可节约耗电 30% 以上。另外,钢结构的废旧利用率为 100%。

5)钢结构适宜工厂大批量生产,工业化、商品化程度高

它能将节能、防水、隔热、门窗等先进的产品集合在一起,实现综合成套应用。将设计、生产、施工、安装一体化,有效地提高建筑的产业化水平。

2. 不同钢结构体系的技术经济指标比较

表 1.1 和表 1.2 对不同结构体系的技术经济指标进行了比较,其中的混合结构体系包括钢框架-内嵌剪力墙结构体系和钢框架-混凝土核心筒结构体系等。

表 1.1 不同结构体系的技术经济比较(1)

结构体系		钢框架	钢框架—支撑	混合结构
结构组成		柱采用高频焊接矩形钢管砼柱; 梁采用高频焊接 H 型钢梁	柱采用高频焊接矩形钢管砼柱; 梁采用高频焊接 H 型钢梁; 支撑采用高频焊接 H 型钢或高频焊接矩形钢管	柱采用高频焊接矩形钢管砼柱; 梁采用高频焊接 H 型钢梁; 钢筋混凝土剪力墙
		楼板采用钢筋桁架混凝土楼板; 内墙均采用轻质隔墙; 基础可采用独基、桩基	楼板采用钢筋桁架混凝土楼板; 内墙均采用轻质隔墙; 基础可采用独基、桩基、箱基	楼板采用现浇楼板; 内墙均采用轻质隔墙; 基础采用独基、条基、桩基、箱基
适用范围		低层、多层、小高层	多层、小高层、高层	多层、小高层、高层
建筑功能	得房率较砼结构高	5%～8%	4%～7%	4%～7%
	外部造型及内部空间布置	宜简单、规则,内部布置灵活	宜简单、规则,需考虑支撑影响	宜简单、规则,需考虑剪力墙影响
	防火性能	需专门处理	需专门处理	需专门处理,相对较好
	隔音、保温	楼电梯间内隔音稍差,保温较好	楼电梯间内隔音稍差,保温较好	楼电梯间内隔音较好,保温较好
	可改造性	好	一般	一般
	内装布线	容易	容易	较容易,但穿墙处孔洞需要预留
结构性能	结构自重	基数 1.0	1.0	1.22
	自振周期	基数 1.0	0.7	0.5
	结构侧移	较大	一般	较小
结构性能	抗震 多遇	好	好	好
	抗震 罕遇	好	好	一般
	抗风	较差	一般	较好
	柱构件截面积	较大	居中	较小
社会指标	材料回收	25%～30%	25%～30%	20%～25%
	科技贡献	35%	35%	30%
	产业化程度	90%以上	90%以上	80%以上

结构体系		钢框架	钢框架—支撑	混合结构
施工对比		工期较混凝土结构缩短1/2； 湿作业较少； 工种少，用工少； 施工用地少； 现场水电用量少； 防火处理工作量大； 现场噪声较小； 现场运输量少； 劳动条件好，强度小； 主体结构质量稳定	工期较混凝土结构缩短2/5； 湿作业较少； 工种少，用工少； 施工用地少； 现场水电用量少； 防火处理工作量大； 现场噪声较少； 现场运输量少； 劳动条件好，强度小； 主体结构质量稳定	工期较混凝土结构缩短1/3； 湿作业相对较多； 工种、用工相对稍多； 施工用地相对稍多； 现场水电用量多； 防火处理工作量较少； 现场噪声相对较大； 现场运输量稍多； 劳动条件好，但强度稍大； 可能存在施工误差
经济指标	型钢用量	基数1.0	0.85～1.15	0.7～0.9
	钢筋用量	基数1.0	1.0	1.3～1.75
	砼用量	基数1.0	1.0	1.4～1.7
	防火费用	基数1.0	1.0	0.6～0.8
	利息成本收益	基数1.0	1.0	0.6～0.7
	使用面积增加收益	基数1.0	1.0	0.8～0.9
	基础比砼结构节约	30%左右	30%左右	25%左右
	工程直接造价与砼结构相比	偏高	偏高	10层以下偏高、10～18层持平

表1.2　不同结构体系的技术经济比较(2)

类别	项目	单位	钢结构	钢筋混凝土结构	砖混结构	备注
社会环境指标	拆除时的垃圾生产量	吨/m²	0.3～0.4	1.0～1.3	1.2～1.3	
	材料回收再生率	%	20～30	≤10	≤5	
	科技对经济增长贡献率	%	可达35	可达20	≤10	
	产业化可发展程度	%	可达90	可达70	≤20	
	相关行业带动	拉动投资/建设投入	(0.10～0.12)/1	(0.05～0.8)/1	0.03/1	每百万元

续表

类别	项目		单位	钢结构	钢筋混凝土结构	砖混结构	备注
社会环境指标	烧砖毁田					3.0	钢结构新型墙体材料每增加1%
	材料生产有害排放		SO_2	减少50万吨			
	使用节能			节煤50万吨			
经济指标	劳动生产率		工日/m²	0.8～2.5	6～7	8～9	每平方米建成用工量
	当前造价水平(按建筑面积)	多层	钢结构1.0	1.0	1.0	0.8	
		高层	钢结构1.0	1.0	0.95		
	当前造价水平(按使用面积)	多层	钢结构1.0	1.0	1.03	0.90～0.95	
		高层	钢结构1.0	1.0	0.98		
	工业化生产条件下造价水平(按建筑面积)	多层	钢结构1.0	1.0	1.13～1.23	1.10	
		高层	钢结构1.0	1.0	1.08		
	物料费/人工费		现场物料/现场人工	0.9/0.1	0.85/0.15	0.82/0.18	
	工期		砖混结构1.0	0.4～0.6	0.6～0.8	1.0	
	型钢用量		kg/m²	25～50			
	钢筋用量		kg/m²	12～32	13～50	12～15	
	水泥用量		kg/m²	30～50	140～220	40～70	
	砂石用量		kg/m²	150～200	800～1 300	250～350	
	木材用量		m³/m²	0.000 2	0.05～0.1	0.01～0.03	不含木门窗
性能指标	寿命		基准期(年)	70	70	70	钢结构采取防腐措施
	抗震性能			好	中	差	钢材延性好
	面积利用率		％	93～95	88～92	80～85	
	平面改造性			＞85％	框架80％		拆除非承重墙
	使用能耗		砖混结构基数1.0	0.3～0.5	0.4～0.6	1.0	按节能做法

续表

类别	项目	单位	钢结构	钢筋混凝土结构	砖混结构	备注
施工指标	建筑重量	砖混结构 1.0	0.3～0.5	0.8～0.9	1.0	上部结构
	物料总运输量	t/m²	0.3～0.6	1.0～1.2	0.3～1.5	每平方米用量
	工业化预制速度	现场/工厂	(0.3～0.2)/(0.7～0.8)	(0.7～0.6)/(0.3～0.4)	(0.7～0.6)/(0.3～0.4)	
	施工占地	砖混结构 1.0	0.3～0.4	0.8～1.0	1.0	
	现场水电量		0.5～0.6	1.2～1.5	1.0	
	现场临建		0.5～0.6	0.8～1.0	1.0	
	现场噪声	砖混结构 1.0	0.5	1.5	1.0	
	施工渣土量		0.2～0.3	0.7～0.8	1.0	
	工人劳动条件		好	中	差	
	精装修程度		易	中	难	
	工期	砖混结构 1.0	0.4～0.6	0.6～0.8	1.0	

1.1.2 国外钢结构建筑的发展

目前,许多工业发达国家,如美国、日本、英国、澳大利亚等均在积极推动钢结构的中低层建筑,特别是中低层钢结构住宅,芬兰、瑞典、丹麦及法国均已形成相当规模的产业化钢结构建筑体系。

1. 北美轻钢龙骨体系建筑

美国钢结构建筑市场发育完善,住宅用构件和部品的标准化、系列化、专业化、商品化、社会化程度很高,几乎达到100%,各种施工机械、设备、仪器等租赁业非常发达,商品化程度达到40%。由于美国住宅建筑没有受到"二战"的影响,因此没有走欧洲的大规模预制装配道路,而是注重住宅的个性化、多样化。其特点是采用标准化、系列化的构件部品,在现场进行机械化施工。加拿大的情形也类似。鉴于经济性、安全性能及耐久性能的综合考虑,越来越多的房屋开发商转而经营钢结构住宅,钢结构的价值得到普遍认可。1965年钢结构在美国仅占建筑市场的15%,1990年上升到53%,1993年上升到68%,到2000年已经上升到75%。1996年,美国已有20万幢钢框架小型住宅,约占住宅建筑总数的20%,其钢结构住宅如图1.1所示。美国高层和多层建筑也广泛采用钢结构体系,作为住宅主要开发的是采用轻钢体系的2～3层别墅和采用交错桁架体系的 6～8 层群体住宅建筑。

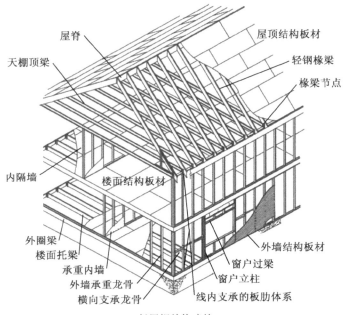

(a) 低层钢结构建筑

(b) 多层钢结构建筑

图 1.1 北美轻钢龙骨体系建筑

2. 日本工业化轻钢体系建筑

钢结构建筑在日本被称为工业化钢结构建筑。在日本,常用的建筑体系包括:6 层以下的低层建筑采用纯钢结构;6～16 层采用 SRC 结构;16 层以上的底部采用 SRC 结构,上部采用纯钢结构的较多。

日本的建筑产业化始于 20 世纪 60 年代初期。当时住宅需求急剧增加,而建筑技术人员和熟练工人明显不足。为了使现场施工简化,产品质量和效率提高,日本对住宅实行部品化、批量化生产。20 世纪 70 年代是日本住宅产业的成熟期,大企业联合组建集团进入住宅产业。到 20 世纪 90 年代,采用产业化方式生产的住宅已占竣工住宅总数的 25%~28%。日本是世界上率先在工厂里生产住宅的国家。例如,轻钢结构的工业化住宅占工业化住宅的 80% 左右;20 世纪70 年代形成盒子式、单元式、大型壁板式住宅等工业化住宅形式;20 世纪 90 年代开始采用产业化方式形成住宅通用部件,其中 1 418 类部件已取得"优良住宅部品认证"。日本钢结构住宅在销售户数中所占比例如图 1.2 所示。

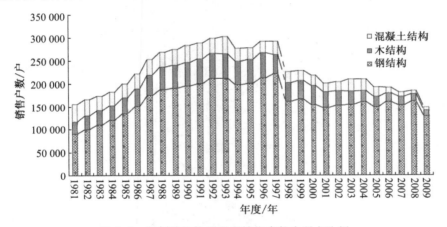

图 1.2 日本钢结构住宅在销售户数中所占比例

日本住宅产业化的发展很大程度上得益于住宅产业集团的发展。住宅产业集团是应住宅产业化发展需要而产生出的新型住宅企业组织形式,是以专门生产住宅为最终产品,集住宅投资、产品研究开发、设计、配构件部品制造、施工和售后服务于一体的住宅生产企业,是一种智力、技术、资金密集型、能够承担全部住宅生产任务的大型企业集团。如大和房屋集团作为目前规模居日本第二位的住宅产业集团,其核心企业——大和房屋工业株式会社,在日本设有 1 个本部、2 个分总部、65 个分店、328 个营业所、12 个住宅部件生产工厂、1 个综合研究所和 3 个研修中心。其事业范围已经从单纯的计宅产业向"综合性生活产业"发展,包括住宅事业、建筑事业和其他事业。在其住宅产业化的过程中,钢结构一直充当最重要的角色得到广泛的运用,其结构体系如图 1.3 所示。

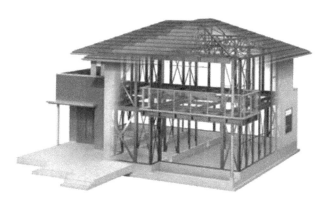

图 1.3 大和房屋工业株式会社 G 型结构体系示意图

1.1.3 国内钢结构建筑的发展

在我国,钢结构建筑特别是钢结构住宅起步较晚,改革开放以后才从国外引进了一些低层和多层钢结构建筑进行学习与借鉴。目前在北京、天津、山东莱芜、安徽马鞍山、上海、广州和深圳等地开展低层、多层和高层作为钢结构建筑试点工程。随着城市建设的发展和高层建筑的增多,我国钢结构发展十分迅速,钢结构建筑作为一种绿色环保建筑,已被建设部列为重点推广项目。特别是在我国大中城市中,人多地狭,而人们对住宅密度、环境、绿地等要求越来越高的情况下,较大范围应用钢结构已势在必行。山东济南艾菲尔花园即为采用了钢结构体系的建筑,如图 1.4 所示。

图 1.4 山东济南艾菲尔花园钢结构建筑

1. 低层轻钢结构建筑的发展

轻钢结构体系低层建筑是指用钢结构作为承重骨架，围护及分隔结构、屋面材料均用轻材料组成的建筑，属于轻型钢结构的范围。它的生产形式是构件及部件是在工厂加工制作后，运到现场进行组装，因而容易实现工厂化生产，易于实现产业化，容易做到设计标准化、模数化，构配件的工厂化、装配化，施工也便于机械化。

20 世纪 80 年代，我国逐步从国外引进钢结构住宅建筑，经过一些企业与有识之士的探索、开发、研究、试验，建造了数十栋各种高度及体系的试验性建筑。到 21 世纪初，钢结构建筑已经进入起步阶段。在这个时期，从政府的一系列方针政策到规范、规程、标准及技术措施都对钢结构建筑起到了推动作用；钢产量的增加及品种的丰富都对钢结构住宅的发展起到保证作用；人们的认识也有所转变，对钢结构建筑的优越性逐步有所认识。据初步统计，在这个时期，全国各地建成 60 万～70 万 m² 的钢结构住宅，其中北京、天津、上海、深圳及山东发展较快。

轻型钢结构在我国已进入快速发展时期，低层轻钢结构建筑已成为轻型钢结构应用的新领域和增长点。但与国外的发展水平相比，无论是在建筑、结构设计，还是在制作安装技术方面，都有很大差距，需要对结构设计理论和设计方法进行深入研究，开发新型围护结构和承重结构体系，使轻型钢结构真正成为综合经济效益高、具有竞争优势的结构体系。

2. 多高层钢结构建筑的发展

多层钢结构建筑的发展趋势为采用装配式结构，其优势是施工速度快，建筑布局限制小。其结构都是由多层水平的楼盖和竖向的柱、墙等组成。楼盖主要承受竖向荷载，而竖向的柱、墙等构件，则因为建筑高度的变化，其组成方式及受力变形特性—结构体系也有明显的变化。框架、剪力墙及筒体是结构中抵抗竖向及水平荷载的基本单元，由它们及其变体组成了各种结构体系，如框架结构体系、框架—支撑结构体系、框架—剪力墙体系、框架—筒体结构体系、交错桁架结构体系等。

小高层实际上是层数为 7～16 层的中高层建筑。虽然是中高层建筑，但层数较低，具有多层建筑的某些特点。虽设有电梯，但防火要求并不如高层建筑防火要求那么高。其有节约用地、尺度适宜、户型优越、生活质量高等优点。钢梁一般采用 H 型钢，钢柱早期多采用 H 型钢，近些年方钢管柱也多被采用。方钢管柱有的由 4 块钢板焊接而成，也有的是冷成型的，汉口轧钢厂的冷成型方钢管技术比较成熟，产品已经系列化。在多高层钢结构建筑的结构形式的选择上，主要综合考虑工业化装配程度、结构的力学性能、建筑发挥的自由度、施工速度、建筑造价等几个方面,其中力学性能(结构可靠度)及经济性是最为关注的。对于钢结构而言,结构抗侧力性能是结构整体性能的重要因素,决定着结构的选型和用钢量。

3. 钢结构建筑经济性能指标

目前,我国的小高层钢框架结构建筑的发展尚处于起步阶段,经济性研究不够充分,而结构用钢量是影响工程造价的主要因素。

1) 建筑层数和层高对钢结构建筑造价的影响

结构柱距越大,梁柱截面大小对侧移的影响也越大,反之则影响越小。在大跨距的情况下,改变梁柱截面对结构侧移的影响比较明显,而在小跨距(6 m以下)的情况下,通过改变梁柱截面大小来控制侧移的方法效果较差。对于小高层钢结构建筑的跨距应取 6 m 左右较为经济合理。

对于同跨距的建筑物,层高变化对结构用钢量有一定的影响,但这种影响基本都是由于层高变化导致的楼层钢梁数量变化引起的,故可认为在一般的建筑层高范围内,改变层高对工程用钢量变化不大。在单位用钢量较小时,结构的最大侧移随着梁柱截面的增大而减小,但在用钢量超过 50 kg/m² 之后,这种趋势又迅速趋于平缓。此时仅以增加梁柱截面的方式来减小最大侧移已不经济,应该考虑改变结构体系(如采用钢框架-混凝土剪力墙或钢框架-支撑结构)来提高抗侧移能力。随着层高的变化,结构跨距对在相同侧移量下单位耗钢量的影响也有所变化,即在不同层高下,结构跨距对耗钢量的影响也不相同。在相同侧移的情况下,当用钢量在 30~50 kg/m² 之间时,跨距越大,用钢量越低;当层高为 3 m 时,结构跨距的改变对耗钢量的影响已经变得很小。

2) 跨距对钢结构建筑造价的影响

一般来说,对钢结构建筑造价,柱距从 3 m 增加到 6 m 时,结构主体用钢量逐步递减;从 6 m 增加到 9 m 时,结构主体用钢量逐步增加。

对于采用 H 型钢和箱型截面柱的结构,柱距为 3 m 时,由于柱距很小,如果只需要按照强度和稳定进行验算,梁柱截面很小即可满足要求,但实际工程中必须考虑结构的构造要求和焊缝、螺栓对于构件板厚的要求,则梁柱截面和构件翼缘、腹板必须增大,导致构件应力比很小,基本在 0.1 左右,造成钢材用量的增大和不必要的浪费。所以当柱距在 3 m 左右时,钢框架结构梁柱截面再采用 H 型钢和方通截面已不合理,此时应考虑更换结构体系,建议采用薄壁型钢组合截面用于工程中。

当柱距由 3 m 增加到 6 m 时,结构用钢量曲线急剧下降,表示用钢量在此区段变化明显,同时也表示在满足结构强度、稳定和螺栓焊缝对构件构造要求的前提下,柱距由不合理向合理化变化,在此区段选择柱距时应更加慎重,否则将带来不必要的浪费。当柱距由 6 m 增加到 9 m 时,结构主体用钢量增长幅度比较小。

对于钢结构建筑,当柱距过大(超过 9 m)时,由于其内部分隔墙体增多,次梁将布置较多,主次梁为满足强度、刚度和构造要求,主要构件截面将过大,室内净高将减少,从而带来对建筑正常使用功能的不利影响,所以对于钢结构建筑,柱距不宜过大。

钢柱采用 H 型钢截面和方通截面时,对结构用钢量影响很大,不考虑抗震和考虑地震烈度为 7、8 度设防时,采用方通截面柱结构用钢量平均比采用 H 型钢截面柱 3 m 柱距时多 110.34%,比采用 4 m 柱距时多 181.48%,比采用 6 m 柱距时多 35.28%,比采用 7 m 柱距时多 31.97%,比采用 9 m 柱距时多 25.98%,总平均多 77.01%。由此可见,单独从降低用钢量方面考虑,宜采用 H 型钢截面钢框架柱,但如果考虑装修和其他方面的建筑构造要求,可根据工程实际情况,在 6 m 左右柱距情况下采用方通截面钢框架柱,以最大程度上缓解采用方通截面钢框架柱造成的用钢量增大和造价的增加。

4. 我国钢结构建筑发展中的问题

1) 钢结构设计问题

国内设计院虽多,但较之国际设计院的先进设计水平存在较大差距。近年来中国已经成为世界上最大的建筑市场,但国外设计事务所仍在地标性建筑中占据垄断地位。从积极的意义来说,要进一步活跃设计理念和思想,将中华民族建筑和世界发达国家的先进标志化建筑紧密结合,将传统建筑和现代建筑紧密结合,将钢结构自身特点充分运用于设计中。

2) 钢结构建筑体系的推进问题

我国钢结构的发展在体育场、飞机场、铁路、桥梁等方面成就显著,但是在钢结构住宅方面却凤毛麟角。从 2001 年起,国家陆续颁布了《钢结构住宅建筑产业化技术导则》《钢结构住宅设计规范》等相关规则,但钢结构住宅的社会认可度依旧不高,各级政府、开发商对该产业的发展前景认识不足。有关专家走访了北京、上海、天津、山东、安徽、福建等地,考察了 20 个工程项目后建议将钢结构放在多层和小高层住宅上,采取节能 65% 的设计标准,并且可在初级阶段不一味强调全装、一概排斥湿作业,把产业化、市场化作为一个互动的过程来推动钢结构住宅建设。

3) 钢结构标准化体系的建立和健全

标准在企业化、信息化的进程中起着重要的作用。尽管中国的标准体系、钢结构的标准体系成绩不菲,但是仍然存在两大问题:一是有些新技术、新产品、新材料的标准尚未完全建立;二是部分标准与规范陈旧,远远落后于世界先进水平。此外,现行标准在引导钢结构应用方面仍然存在不足。目前,高层房屋主要采用钢框架、混凝土核心体系,这种体系在低纬度地区是经济的、适合的,但是在高纬度地区国外很少采用,而普遍采用的是全钢结构。

5. 我国钢结构建筑发展的趋势

在近期内,国家将大力发展钢结构住宅,力争每年建筑钢结构用钢将占全国钢材总产量的 5% 以上,年均钢材消费量约为 4 000 万吨;到 2020 年,将再翻一番,全国建筑钢结构用钢材占钢材总产量的 10% 以上。由此可见,钢结构建筑市场前景十分广阔。

1)钢结构建筑可满足购房者的新需求

近年来,国外钢结构的独立式住宅、别墅日益增多。随着我国经济的发展和人民生活水平的提高,越来越多的购房者倾心于容积率低、绿化面积大的别墅和独立式住宅。我国钢结构建筑行业可以充分借鉴国外经验,在推广多层、高层住宅满足住宅用户多元化、个性化、突出环保需求的同时兼顾低层独立式住宅的设计,以满足不同人群的需求。

2)钢结构建筑可提高使用质量

目前,我国传统建筑的设计与施工有许多不尽人意之处,如存在墙体开裂,保温、隔声功能差,房屋布局不灵活,有死角,水电管线占用使用面积,以及二次装修造成房屋隐患等问题,建筑使用寿命令人担忧。砖和混凝土都属于实心体,开洞预埋管线会破坏其整体性,这也是影响建筑质量的一个重要原因。钢结构建筑可以避免以上问题的出现:首先,钢结构体系可以在工厂中进行构件制作与加工,不但可以用规格标准来限定,而且可以在工厂中通过使用新的科学技术手段来提高构件性能;其次,由于钢材强度高,房屋自重轻,可建造开间、进深大的房屋,居住空间大小可随意布置,空间组合创造的余地大且不受限制,使房型丰富、美观、实用,可以最大限度地满足客户对建筑功能和设计的高品位追求。

3)适合钢结构建筑的特种钢逐步应用

随着我国钢铁企业冶炼技术的提高,适合建筑用的特种钢不断涌现。例如宝钢、武钢等钢铁企业成功开发的耐火耐候钢,通过合适的技术使钢材含有特定的成分,使钢材的表观结构及金相组织发生变化,从而使钢材本身生成所需的耐火性和耐候性。多种新型建筑用钢的出现将大力推动钢结构建筑的发展。

4)钢结构建筑技术将不断发展

通过国家多个试点示范工程,钢结构建筑的设计基本成熟,并开发推出多套完整钢结构设计软件,如上海同济大学开发研制的 3D3S 钢结构建筑设计软件已完全应用于实践中。随着科技的发展,钢结构建筑技术也将不断成熟,大量的适合钢结构建筑的新材料也将不断涌现。适合钢结构的新型焊接技术、耐火技术、切割设备不断推新。

1.2 研究现状与前景

钢结构建筑产业化是我国钢结构产业发展的必经之路,它将成为推动我国经济发展的新的增长点。钢结构体系易于实现工业化生产、标准化制作,而与之相配套的能够成熟应用、性能优越、适应工业化生产和标准化制作的墙体非常少,因此研究和开发一种适应钢结构建筑体系、节能环保的新型预制标准化墙体对于钢结构建筑在我国的推广将起到重要的推动作用。

1.2.1 国内外钢结构建筑墙板发展与应用现状

1. 传统墙体的应用

按照不同材料的使用形式和构造方法,目前钢结构建筑外墙墙体材料主要分为块材和板材两大类,具体见表1.3。各种外墙墙体材料技术性能对比见表1.4。

表 1.3 钢结构建筑常用外墙墙体材料分类

钢结构建筑外墙体材料	块材	小型块材	黏土砖、空心砖、小型混凝土空心砌块、蒸压加气混凝土砌块
		中型块材	粉煤灰砌块
	板材	预制条板	玻璃纤维增强水泥轻质条板(GRC)、蒸压轻质加气混凝土条板(ALC)、植物纤维强化空心条板
		整体墙面	薄壁混凝土岩棉复合外墙板(预制大板)、双钢弦硬石膏复合外墙板(现场装配)

表 1.4 外墙墙体材料技术性能对比

材料名称	规格/mm (长×宽×高)	干密度/ (kg·m^{-3})	导热系数/ (W·m^{-2}·K^{-1})	隔音量/ dB	耐火极限/h	备注
空心砖	190/290× 140×90 240×180×115	800～1 100	0.3～0.68	47 (240厚)	≥2.5 (120厚)	依孔洞形式不同导热系数不同
小型混凝土空心砌块	390×190×190 390×130×190	1 200～1 400	1.00	50 (190厚)	≥3.5 (190厚)	
蒸压加气混凝土砌块	600×100×150 200×200×300	500	0.10～0.19	46 (150厚)	≥3 (100厚)	

材料名称	规格/mm（长×宽×高）	干密度/（kg·m⁻³）	导热系数/（W·m⁻²·K⁻¹）	隔音量/dB	耐火极限/h	备注
粉煤灰砌块	880×240×380 880×240×430	1 100～1 700	0.47～0.95	46（240 厚）	≥4（240 厚）	依孔洞形式不同导热系数不同
GRC条板	3 000×600×60/90/120	600	0.22	35～45	≥1.5（60 厚）≥2.5（90 厚）≥3（120 厚）	
ALC条板	6 000×600×50/100/200/250	500	0.10～0.19	46（150 厚）	≥3（100 厚）	
岩棉复合外墙板	3 000×3 000×160(不考虑构造尺寸)	1 100～1 600	0.06		≥2（160 厚）	50—80—30 型
植物纤维强化空心条板	(2 400～3 500)×600×150/200	450	0.109	52	≥1.5（100 厚）	内芯为 80 厚岩棉
双钢弦硬石膏复合墙板	依实际情况选配		0.04	42（200 厚）	≥3（200 厚）	

2. 杭萧钢结构建筑及墙体系统研究与应用

杭萧多高层建筑钢结构建筑体系承重构件主要采用高频焊接型材,即:柱采用冷弯高频焊接矩(方)型钢管混凝土或高频焊接 H 型钢;梁主要采用高频焊接 H 型钢梁;支撑主要采用高频焊接矩形钢管或 H 型钢。框架梁通过直通横隔板式节点与框架柱刚接,次梁与主梁铰接连接。承重构件施工完毕后,即可在梁上铺设钢筋桁架模板,并浇筑混凝土,大量简化了模板工程。楼板与钢梁通过剪力栓钉可靠连接,以提高整体性能。围护结构采用 HX 轻质高强灌浆墙。钢构件采用现浇式外包防火处理。

杭萧多高层钢结构建筑采用 HX 轻质高强灌浆墙,如图 1.5 所示。HX 轻质高强灌浆墙是根据现代钢结构建筑的特性开发的以 HX 高强防水板作为面板,用轻钢龙骨作为立柱,在其空腔内泵入轻质灌浆材料而形成的复合实心整体墙体,它可以定型化设计、工厂化生产,适合于装配化施工建造,符合工业化建筑的发展要求。其中,HX 高强防水板是以纤维素、水泥、砂、添加剂、水等物质为主要原料,经混合、成型、加压、蒸汽养护等工序而成,100％不含石棉及其他有害物质,是具有防火、防水等优良性能的新型轻质环保板材。

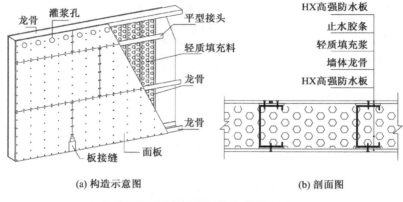

(a) 构造示意图　　　　　　　　　　　　　　　(b) 剖面图

(c) 施工现场照片

图 1.5　HX 轻质高强灌浆墙

HX 轻质高强灌浆墙有以下性能特点:

(1) 轻质:以 87 mm 厚的灌浆墙体为例,其面密度约为 65 kg/m²,约为 120 mm 砖墙面密度的 1/4,大大降低了结构成本。

(2) 增加使用面积:比传统墙体薄,增加房屋使用面积。

(3) 防火性能好:不燃材料,耐火极限符合国家标准 GB 50045—2005。

(4) 隔音性能好:隔音性能符合国家标准 GB 50118—2010。

(5) 防水、防潮、防霉:墙体材料防水性好,防潮、防霉佳。浴厕可结合防水剂提高防水性能。

(6) 管线敷设容易:墙体空腔内管道敷设方便,废弃物少,不污染环境。

(7) 施工快速:施工速度快,且现场干净整洁,墙面平整容易装饰,可直接在板表面贴瓷面、做涂料等。

(8) 可吊挂重物:实心复合墙体,握钉力强,解决了轻质墙体不能挂物的问题。

（9）抗震性能好：与主结构弹性连接，可避免上下震动造成破坏而倒塌。

（10）绿色环保：组成墙体的材料不含有害物质、无辐射物质，属环保墙体。

（11）使用舒适：能自动调节室内湿度、保持室内舒适度。

（12）寿命长：墙体的使用寿命等同于砖墙。

钢结构建筑内墙板也可采用将 HX 轻质高强灌浆墙中的灌浆材料替换为玻璃棉的轻质墙体，这种墙体除了固体隔声外，其他方面具有与 HX 轻质灌浆墙等同的优点。

3. 钢之杰集团低多层工业化钢结构建筑技术开发与应用

钢之杰集团涉足轻钢建筑领域较早，参与了中国内地第一个大型轻钢建筑项目——大连枫桥园别墅项目，之后又先后参与了更大规模的北京纳帕溪谷别墅、杭州桃花源别墅、成都麓山国际社区、美国 Value Place Hotel 连锁酒店等多个项目。2008 年初从澳洲引进的全套轻钢建筑设计、制作系统，在灾区重建中得到了很好的应用。

其墙体为轻钢龙骨墙体系统，外墙面采用防水纤维水泥挂板，内墙面采用石膏板，内部填充轻质保温、隔声材料（主要为保温棉和挤塑泡沫板），具体如图 1.6 和图 1.7 所示。

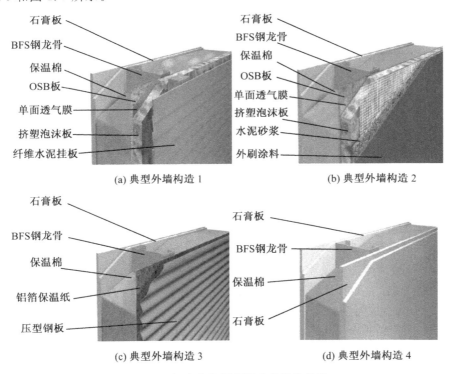

(a) 典型外墙构造 1

(b) 典型外墙构造 2

(c) 典型外墙构造 3

(d) 典型外墙构造 4

图 1.6　钢之杰集团轻钢龙骨墙体构造

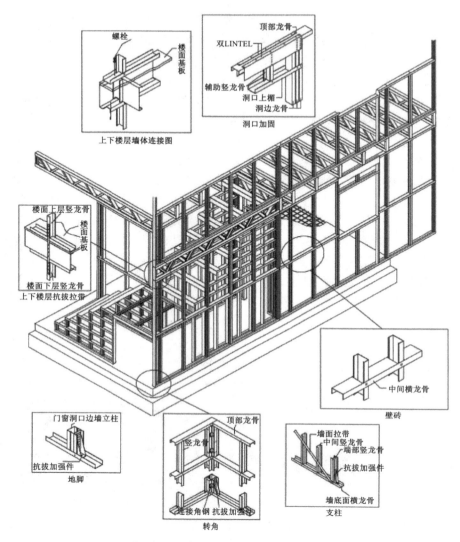

图 1.7 钢之杰集团轻钢龙骨墙体系统

1.2.2 应用前景

1. 钢结构建筑墙板研究的必要性

块材类墙体在钢结构建筑墙体的应用主要是砌块墙体,其保温效果较好,与钢结构的连接简单合理,但由于需要在现场进行湿作业,不利于提高施工速度,与当前钢结构产业化和工业化的趋势不符,从发展的角度来看终将被淘汰。

板材类墙体类型较多,蒸压轻质加气混凝土等预制条板工厂化、施工机械化程度高,所以施工速度快,符合建筑产业化的发展方向。但在运输和吊装中施工速度受限制,而且材料破损率较高。

由于公安部 2011 年 65 号文件规定:从严执行《民用建筑外保温系统及外墙装饰防火暂行规定》(公通字〔2009〕46 号)的第二条,民用建筑外保温材料采用燃烧性能为 A 级的防火材料,所以目前广泛使用的聚苯乙烯泡沫塑料板(EPS)、挤塑泡沫板(XPS)等保温材料均为防火等级为 B 级的材料,将不再允许使用,急需开发相应的用于钢结构建筑满足防火要求的整体外挂墙板。

2. 钢结构建筑产业化推进的要求

工业化等同于狭义的产业化。产业化的概念以联合国经济委员会的定义最为著名,即产业化包括:① 生产的连续性;② 生产物的标准化;③ 生产过程各阶段的集成化;④ 工程高度组织化;⑤ 尽可能用机械化作业代替人的手工劳动;⑥生产与组织一体化的研究与开发。

20 世纪末我国提出了"建筑产业化,即让钢结构建筑纳入社会化大生产范畴,以建筑为最终产品,做到建筑开发定型化、标准化、建筑施工部件化、集约化,以及建筑投资专业化、系列化,以大规模的成型建筑开发来解决城市需求问题"。

建筑产业化的概念是在与传统建筑发展模式的对比中得出的。与传统的建筑投资、开发、设计、施工、售后服务分离的生产经营方式相比,建筑产业化以建筑产品为最终目标,采用工业化生产和一体化经营的方式,使各生产要素完美地组合起来,减少中间环节,优化资源配置。通过工厂化生产提高构配件的质量和生产能力,从而减少能耗及能源浪费,提高建筑质量,简化现场操作,降低劳动强度,提高建筑建设生产率。

建筑产业化最主要的是实现以下几个方面:

1) 建筑体系标准化

依据建筑标准化程度相对较高的特点,在建筑设计中采用标准化的设计方案、构配件、部品和建筑体系,按照一定的模数规范建筑构配件和部品,形成标准化、系列化的建筑产品,减少单个建筑设计中的随意性,并使施工简单化。建筑体系标准化是建筑工业化的必备条件,同时也是建筑生产进行社会化协作的必要条件。实行标准化还需要考虑建筑的多样化,避免出现建筑的千篇一律。标准化与多样化的矛盾不是不可协调的,采用标准化的构配件仍可组合出丰富多彩的各种形式的建筑。

2) 建筑部品化

将建筑分解成为一个个相对独立而又标准协调的部品。建筑部品是构成建筑本体的基本单元或附属品,具有相对独立性,可以单独进行设计、制造、调试、修改和存储,便于不同的专业化企业分别进行生产的建筑产品。今后的建筑建设会改变以现场为中心进行加工生产的局面,逐步采用大量工厂化生产的部品进行现场组装作业,改变建筑生产面貌。部品化与标准化和工业化都直接相关。发展部品化是建筑产业化发展的技术基础和关键。

3)建筑生产工业化和机械化

建筑生产工业化是指用大工业规模生产的方式生产建筑产品,主要包括建筑构配件和部品生产工厂化、现场施工机械化、组织管理科学化。其中最关键的是构配件和部品生产工厂化,将原来在现场完成的构配件加工制作活动和部分部品现场安装活动相对集中地转移到工厂中进行,改善工作条件,可实现快速、优质、低耗的规模生产,为实现现场施工装配化创造条件。

同时在建筑施工中采用合适的机械,有效、逐步地代替手工劳动,用机械完成主要的构配件装配工作。施工机械化为改变建筑生产以手工操作为主的小生产方式提供了物质基础。施工机械化是与构配件工厂化相对应的。

墙体等维护结构是钢结构建筑的重要组成部分,墙体的标准化、部品化、工业化生产和机械化安装是钢结构建筑产业化的重要组成部分。

3. 本研究项目的提出

本项目研究开发适应工业化生产的,满足 A 级或 B1 级防火材料要求,集保温隔热、防水、高强、装饰性能于一体的钢结构建筑整体式外挂墙板。本项目成果将填补国内防火材料整体外挂墙板的空白,相关墙体材料市场潜力巨大,将产生巨大的经济效益和社会效益。

1.3 研究内容及方法

1.3.1 研究内容

本项目研究内容主要包括:

(1)钢结构建筑新型节能整体式外挂墙板的开发研究,使其满足 A 级或 B1级防火材料的相关要求,易于实现工业化生产,方便施工安装。

(2)新型整体式外挂墙板与钢结构主体的连接构造开发,开发出性能优越、完善合理的墙体构造节点。

(3)新型整体式外挂墙板施工技术研究,研究新型墙板的吊装和安装工艺。

本项目重点解决的关键技术问题:

(1)防火材料的合理选用。目前有发泡玻璃、发泡陶瓷、蒸压加气混凝土、纤维增强水泥制品、岩棉、石膏板等节能防火材料备选,从中选用适当的,经济性能、节能效果等达到要求的材料作为新型整体式外挂墙板的主体材料。

(2)开发整体式外挂墙板与钢结构主体的连接构造,使其能满足结构稳定安全、良好的气密性和水密性、良好的隔声性能。

（3）整体式外挂墙板外层装饰材料、构造的开发，使其具备良好的装饰效果，同时易于清洁。

1.3.2　研究意义

本项目研究现有起点科技水平较高，是钢结构技术、节能墙体材料技术、节点构造技术和施工安装技术等的综合应用，目前国内尚无相关专利产品。

目前我国还没有系统的、完善的围护墙板的设计及施工方法，也没有成熟的构造技术可供参考，本项目归纳总结现有钢结构建筑墙体中主要存在的一些构造问题，借鉴国内外先进的经验，开发出技术成熟的钢结构建筑新型节能整体式外挂墙板，且从构造技术上解决与结构主体的连接、密封等构造与施工技术问题，改善钢结构建筑的室内环境，提高节能效果，并提出相应的墙板围护墙板构造做法和技术，以供钢结构设计人员和施工人员参考。

本项目开发钢结构建筑新型节能整体式外挂墙板，研究钢结构建筑中的围护墙板构造技术，不仅可以改善墙板的使用性能，而且符合我国节能标准和防火的要求，促进钢结构建筑在我国的应用，对推动我国钢结构建筑产业化的进程具有重大意义。

1.3.3　研究特色与创新

本项目的特色与创新包括：

（1）项目成果为钢结构建筑新型节能整体式外挂墙板体系，符合公安部 B1 级防火材料要求。

（2）钢结构建筑新型节能整体式外挂墙板易于实现工业化生产，从而对钢结构建筑的产业化起到一定的推动作用。

（3）可与门窗集成，气密性、水密性、节能效果、隔声效果、装饰效果良好，易于施工安装。

（4）与钢结构主体连接稳固，除基本的垂直方向上承重与传递荷载以外，还具备良好的抗弯、抗剪、抗侧向撞击能力，作为高层建筑外墙时具备相应的抗风压能力。

（5）适用范围广，可广泛用于多层、小高层和高层钢结构建筑，甚至可用作整体现浇和预制装配式钢筋混凝土结构建筑的墙板。

本项目要达到的主要技术、经济指标，以及社会、经济效益分别如下：

（1）主要技术、经济指标：建筑节能率达 65%、墙板容重小、用于高层建筑可满足基本风压达 0.75 kN/m² 地区的要求、耐久性不短于 50 年、连接节点承重能力均应满足整块挂板的承重要求、墙体的传热系数达到 0.25 W/(m²·K) 以下；节点连接可靠，气密性、水密性良好，无渗漏现象。

（2）社会、经济效益：项目成果可将填补国内 A 级或 B1 级防火材料整体外挂墙板的空白,相关墙体材料市场潜力巨大,将产生巨大的经济效益和社会效益。

1.3.4　研究技术路线

首先,对大量国内外钢结构建筑配套墙板材料、性能和构造进行总结和整理,对目前已建和在建钢结构建筑墙板及其防火性能等相关资料进行整理,针对配套墙体材料及防火方面的问题,分析其优缺点。深入分析钢结构建筑墙体设计和建筑中存在的问题及产生的原因,并提出相应的建议对策和解决办法。

其次,对目前符合 A 级、B1 级防火要求的材料的性能、生产工艺、技术经济指标进行对比,选定合理的 A 级、B1 级防火材料作为钢结构建筑整体外挂墙板的主材。

再次,从围护墙板构造方面入手,遵循建筑物墙板安装的建造程序,分析研究墙板之间的连接和板缝处理、与钢结构的连接、与门窗的连接,以及管线的安装等构造连接,提出钢结构围护墙板的建筑技术要点和设计方法。进行钢结构建筑整体外挂墙板的骨架设计、连接构造设计,按照设计结果对墙板进行强度、节点密封性能和节能效果的试验,整理试验数据,与设计结果进行对比并评价钢结构建筑整体外挂墙板的整体性能。

最后,根据对钢结构建筑整体外挂墙板进行的力学试验、节点密封性能和热工测试所得出的结论,对原有方案进行完善,然后开发钢结构建筑新型节能外挂墙板系列节点图集、安装技术手册,申请专利。

2 钢结构新型节能整体式
外挂墙板的选型设计

目前我国多层、小高层钢框架结构建筑发展尚处于起步阶段,对整体式外挂墙板研究不够充分,而其所用的钢结构建筑的尺寸是影响其标准化和部件化的主要因素。因此,对多层、小高层钢结构建筑特别是钢结构建筑平面布局与尺寸、层高等进行研究具有重要的现实意义和实用价值。考虑几种常见的、使用量较大的、优越的钢框架结构建筑的平面布局和层高,在确定新型节能整体式外挂墙板模数数列时,主要考虑使其具有广泛的适用性,得出新型节能整体式外挂墙板模数数列(包括竖向数列与水平数列)等数据作为其构件设计与连接件设计的主要依据。

常见的钢结构建筑平面布局如图 2.1 所示。由于其具有建筑平面形式、面积指标,立面造型、单元布局等特点,导致进行力学模型建模时的多种模型保持良好可比性和针对性较为困难,考虑到使用量较大的一般单元式小高层钢结构住宅其横向较窄,多在 12～18 m 之间,一般为 2～3 跨,纵向较长,通常为几个单元拼接而成,每个单元一梯两户,每户沿建筑物纵向长度多为 10～15 m,将钢框架结构建筑模型系列确定为平面横向等跨布置 3 跨,每跨跨度为 5 m,建筑物宽度为 15 m;如果纵向布置 3 个单元,以每单元 24 m 考虑,建筑物总长则为 72 m。

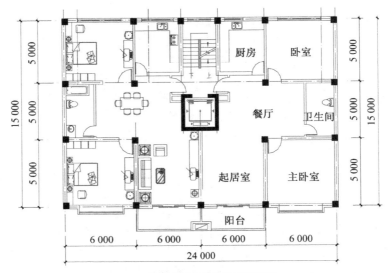

(a) 单元式钢结构建筑平面布局

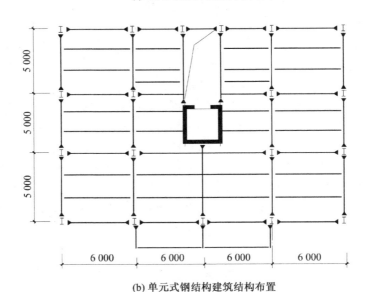

(b) 单元式钢结构建筑结构布置

图 2.1　单元式钢结构布置图

2.1　钢结构新型节能整体式外挂墙板的性能要求

钢结构建筑体系有着自身的特点,因此钢结构建筑墙体系统在满足围护体系的主要功能时应该认真考虑钢结构建筑体系的特点。这些特点需要在墙体系统设计中考虑：

（1）钢结构建筑体系具有独立的结构体系，且质量较轻，这要求墙体系统为非承重的轻质墙体系统。

（2）钢结构建筑结构体系挠度变形较大，要求墙体系统与结构体系采用柔性连接。

（3）钢结构建筑结构体系冷热桥现象严重，需要墙体系统具有良好的保温隔热性能。

（4）由于钢材耐火耐候性较差，需要墙体系统予以保护。

（5）钢结构新型节能整体式外挂墙板应方便施工中遇到的管线穿过问题。

（6）钢结构建筑墙体为轻质整体式外挂墙板，属于复合墙体系统，这对于外门窗的安装构造也提出了新的要求。在设计新型节能整体式外挂墙板门窗连接节点时，应该避免产生安装不牢固及冷热桥效应等问题。

由于以上特点，笔者认为我国钢结构建筑墙体系统应该发展新型的轻质复合墙体系统，同时积极推新技术，例如相变蓄能材料等在墙体系统中的应用。

2.2　钢结构建筑的模数系统

由于普通非住宅类民用建筑模数已有标准模数数列，而钢结构住宅的模数化是较难实施的，故本节主要研究钢结构住宅的模数化。钢结构住宅构件截面尺寸及长度尺寸应与建筑模数保持统一协调，也要满足制造加工的工厂化要求及现场安装的便捷和精确性要求。应用模数序列调整住宅及结构构件的尺寸关系，减少、优化结构构件或组合间的尺寸和种类，根据结构体系受力和建筑构造的要求，在建筑模数统一协调下，建立钢结构构件的标准化模数序列，使生产和加工效率都有所提高。

减少构件尺寸和种类的直接影响是工厂生产时能批量进行，对于构件的允许公差、质量控制能统一，使结构可靠性有保证。

2.2.1　钢构件的影响

莱钢集团的 H 型钢加工配送有关数据显示，在生产大 H 型钢时批量生产 9,18,19,20 m 的定尺长度（其中，9 m 和 18 m 长度的数量占多数，18 m 可切割为 3×6 或者 12＋6）然后进行切割配送。

2.2.2　常见户型对钢结构的不利条件

住宅户型因为采光和通风的要求，经常会出现墙体的错位和角度的扭转，对于钢筋混凝土结构来说比较容易实现，而对于钢结构来说却是不利条件，因为钢结构住宅讲究正交性网格，特别是采用矩形要比正方形更好，因此在钢结构住宅户型设计中应该尽量避免对钢结构不利的平面形式。因为采光、通风、造型的要求必然会出现比较多的凹凸、转角等构造,这对于钢结构的整体刚度来说也是不利的。而且在构造上因为有更多的连接,因此施工难度也会加大,同时由于以上原因必然也会出现很多特制的构件,这些构件并不能实现很强的通用性,而是造成浪费。结合实际已建成的案例可知,在立面造型上,由于结构要求带来的建筑立面过于平整,没有适当的凸凹,钢结构住宅会有一些劣势。当然这只是过渡阶段,随着经验的成熟,这些问题都会迎刃而解。

2.2.3 针对常见户型需要做出模数化修改

传统的钢筋混凝土建筑在设计中所遵循的模数协调尺寸是来源于原来砖砌块的 3 个方向的尺寸,为了避免在施工过程中出现过多的砍砖现象,模数级别按照 300 mm 依次递增或者递减。对于钢结构建筑来说,300 mm 的递增尺寸过小,在制造过程中会出现构件种类过多和安装产生接点过多的情况,不能将钢结构在结构上的优势最好地发挥。

对于需要通风、采光的卫生间和厨房,混凝土结构的建筑外墙较灵活,可通过凹槽的方式解决,但是钢结构由于外墙整齐,部分房间通风、采光有一定困难。

在满足钢结构模数化设计的基础上,首先最应该满足的应该是人体工程学的条件,不应单纯为了适应钢结构模数化设计忽略了使用的空间需求。

1. 水平方向基本模数的确定

根据《建筑模数协调标准》(GB/T 50002—2013),在系统考虑房型布局要求及钢结构体系的特点基础上,也是确定水平方向基本模数(1 G＝600 mm)的建议,以满足设计的需求。各构件尺寸按照 600 mm 及其分模数的级差递增递减,可以使构件获得最大的通用性可能,既适应工业化生产,又方便设计。在平面上以网格的形式进行空间布置。

若继续沿用 300 mm 为基本模数在钢结构建筑设计中使用,则构造尺寸和构件类型都会相对更多,这不利于钢结构构件类型要求尽量少的需求,对建筑构造和施工速度都有不利影响。若以 500 mm 为基本模数,则在分模数的时候会出现小数的情况,在建筑设计中也会产生不利影响。而以 600 mm 为基本模数,递增序列更大,适合钢结构建筑采用预制墙板,预制钢梁柱的特点。客厅单人沙发宽度为 900～1 200 mm,长度为 900～1 000 mm;双人沙发长度为 1 500～1 750 mm;茶几尺寸为(900～1 000 mm)×(1 200～1 350 mm)。单人床宽度一般为 900,105,120 mm,长度为 2 000,2 100 mm;双人床宽度一般为 1 350,1 500,1 800 mm 或者更大;常用的餐桌尺寸通常都是760 mm×760 mm 的方桌和 1 070 mm×760 mm 的长方形桌;2 人使用的圆形餐桌以半径 500 mm 为最常见,4 人使用的为 900 mm,6 人使用的为 1 200 mm。从以上在建筑中常用的家具尺寸数据可以看出,取用 600 mm 或者 600 mm 的倍数的家具尺寸,在建筑内部来摆放都有较好的通用性。这也是取 600 mm 作为设计的基本模数的原因。例如,600 mm×10＝6 000 mm＝[3 600 mm(卧室开间)＋2 400 mm(卫生间、厨房开间)];6 000 mm＝3 000 mm(卧室进深)＋3 000 mm(卧室、厨房进深或卫生间 1 500 mm＋储藏间 1 500 mm)。同理,600 mm×12＝7 200 mm＝[3 300 mm(3 000 mm)卧室开间＋3 900 mm(4 200 mm)起居厅开间],7 200 mm＝[3 600 mm(卧室、书房进深)＋1 800 mm(卫生间进深)＋1 800(厨房进深)mm],或者 7 200 mm＝[3 300 mm(主卧进深)＋1 200 mm(主卧南向阳台)＋2 700 mm(次卧进深)]。

通过对常用的家具尺寸的研究发现,如果以 600 mm 作为建筑的设计模数,同时也可以满足家具摆放的空间需求。

2. 竖向方向基本模数的确定

根据钢结构建筑的特点及各地对建筑的要求,竖向方向基本模数仍然取 1 M＝100 mm。

3. 以 600 mm 作为基本模数的适用性

1) 楼梯间尺寸

建筑的公共走道空间设计参照建筑设计标准,最小宽度应大于 1 200 mm,以满足至少两股人流同时通行。这和上面提到使用以 600 mm 为基本设计模数的思想是相符且满足设计要求的。

2) 厨房及餐厅尺寸

厨房的需求开间尺寸 1 800～3 000 mm;面积范围 4.5～8.0 m²。餐厅开间为 2 400～3 000 mm,餐厨并置占开间范围为 3 900～5 100 mm。

3) 卫生间尺寸

根据常用卫浴设备尺寸和人体工程学要求,卫生间平面尺寸一般为 1 800 mm、2 400 mm 和 3 000 mm。

4) 卧室尺寸

卧室要求开间尺寸:3 000～3 600 mm;面积范围:15～25 m²。

5) 起居室尺寸

起居室要求开间尺寸:3 600～4 500 mm;面积范围:20～35 m²。

6) 阳台尺寸

阳台要求开间尺寸:1 800～3 000 mm;面积范围:3～5 m²。

根据以上分析,以 6 M＝600 mm 作为基本模数符合要求。

对于建筑来说,柱网的选择应该是适应单个功能空间的尺寸,高层建筑功能开间卧室一般为 3 000～3 600 mm,起居室开间为 3 600～4 500 mm,这样两个房间并排布置的开间范围为 6 000～8 100 mm。根据对于多处已建成的钢结构建筑的调研发现,综合考虑钢结构的结构特点,钢结构建筑要考虑到结构的经济性,跨度较大,在建筑套型上一般是两个或两个半房间占一跨。而且因为墙体不承重,只有钢框架起承重作用,墙体可以随意分隔,但在结构上简洁规整。

4. 钢结构模数化的标准户型平面组合设计

钢结构模数化的标准 P 型平面组合设计典型图示如图 2.2 所示。

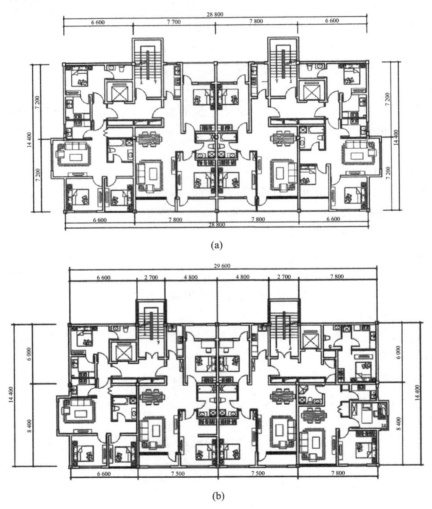

(a)

(b)

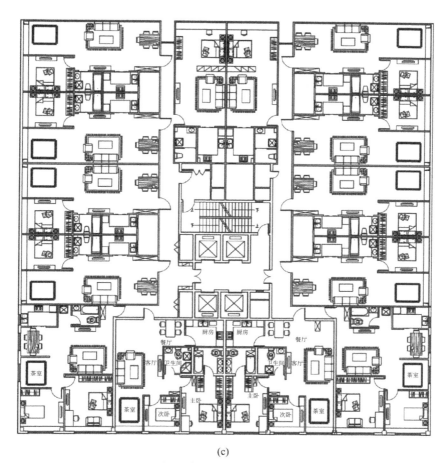

(c)

图 2.2 标准户型平面组合设计典型图示

2.3 钢结构新型节能整体式外挂墙板的模数系统

通过研究基于模数化、标准化准则的建筑设计方法,构建适于工业化建造的钢结构建筑体系,提出模数化的多种户型布局,解决设计标准化与需求多样化的矛盾,从钢结构的材料特性、结构体系对于平面布局的要求和现阶段户型设计的特点三方面综合考虑,对钢结构建筑整体式外挂墙板平面模数问题的研究,是基于建立一套基本模数体系,使钢结构建筑的建筑平面、结构构件尺寸、墙体系统等都能遵循统一的尺寸协调原则,实现在工厂批量生产构件和建筑部品,在现场进行组装的工业化建筑生产模式,并为实现菜单式设计打下基础。

在进行建筑设计中可以将套型空间作为基本模块来进行设计,模块的设计也严格执行模数标准化,形状规整,开间和进深符合模数化的要求,一个模块即为一户。在柱网尺寸和布局相同的情况下,可设计集中布局方式不同的模块以满足人们不同的需求,相互之间可以拼接或者替换。

建立整体式外挂墙板模数系统,就相当于建立了一整套标准化的形式,可以达到简化构配件类型及数目;消除不必要的多样性带来的构件规格混乱;协调同类产品和配套产品之间的关系;相同功能的构件能够通用;参照标准化的原则可以设计制造一系列通用性很强的功能单元,根据实际需要组合成不同的产品。

2.3.1 钢结构建筑层高、开间模数数列

模数数列是以基本模数、扩大模数、分模数为基础扩展成的一系列尺寸。模数数列在各类型简述的应用中,尺寸的统一与协调应减少尺寸的范围,但又应使尺寸的叠加和分割有较大的灵活性。

由 2.2 节的分析可知,对于钢结构建筑,其模数数列应取以下数值。

1. 钢结构建筑模数数列

(1) 水平基本模数的数列幅度为 6 M(600 mm),主要用于门窗洞口和构配件断面尺寸。

(2) 竖向基本模数的数列幅度为 1 M(100 mm),主要用于建筑物的层高、门窗洞口、构配件等尺寸。

(3) 水平扩大模数数列的幅度为 6~15 M,必要时幅度不限,主要用于建筑物的开间或柱距、进深或跨度、构配件尺寸和门窗洞口尺寸。

(4) 竖向扩大模数数列的幅度不受限制,主要用于建筑物的高层、层高、门窗洞口尺寸。

(5) 分模数数列的幅度:M/10 为 M/10~2 M;M/5 为 M/5~4 M;M/2 为 M/2~10 M。主要用于缝隙、构造节点、构配件断面尺寸。

2. 几种尺寸

(1) 标志尺寸,即轴线尺寸。

(2) 构造尺寸,即建筑制品、构配件等生产的设计尺寸。

(3) 实际尺寸,即建筑制品、建筑构配件等的实有尺寸。实际尺寸与构造尺寸之间的差数,应由允许偏差值加以限制。

(4) 缝隙尺寸。缝隙尺寸的大小,宜符合分模数数列的规定。

一般情况下,构造尺寸加上缝隙尺寸等于标志尺寸。

2.3.2 墙板水平、竖向模数数列

1. 墙板水平模数数列

由以上分析可知,墙板水平模数数列可取为 6 M,即数列幅度为 6 M(600 mm),用于控制墙板和门窗洞口的水平标志尺寸。

2. 墙板竖向模数数列

墙板竖向模数数列可取为 1 M,即数列幅度为 1 M(100 mm),用于控制墙板和门窗洞口的竖向标志尺寸。

2.4 钢结构新型节能整体式外挂墙板的热工、防火要求与构造

2.4.1 墙板的材料选择

1. 基材的选择

钢结构新型节能整体式外挂墙板基材的选择需要综合考虑墙板自身的质量(或密度)、强度与刚度、抗老化性能与耐久性、防火与阻燃、防水与防潮、保温隔热、隔声、连接构造、装饰性能与效果、施工方便、使用过程中的二次装修需要等方面的因素进行确定。

1) 木塑复合板

木塑复合板(Wood-Plastic Composites,WPC,如图 2.3 所示)是一种将木材(木纤维素、植物纤维素)为基础材料与热塑性高分子材料(塑料)和加工助剂等,混合均匀后再经模具设备加热挤出成型而制成的高科技绿色环保材料,兼有木材和塑料的性能与特征,能替代木材和塑料的新型复合材料。木塑板成型自由多样,加工安装方便,可由废弃材料制作,并可以 100% 回收再利用,是许多场合代替木材的良好选择。由于木塑板是挤出成型,因而板材的长度可以很大,而且可以手工制作,加工出不同形状的构件。加工安装方面,木塑板像普通木材一样被常用工具切锯、钻孔、固定,应用非常方便。

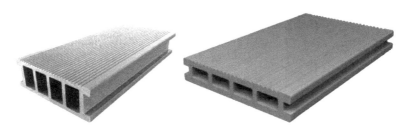

图 2.3 木塑复合板

木塑板的优点是可以任意涂漆,耐水性强,耐用,不会轻易弯曲、折断和断裂。不过木塑板也有其缺点,包括自重较大、不可以作为结构部件,以及长时间紫外线辐射下寿命缩短等。

塑木复合材料的微发泡成型是目前的研究热点之一。经微孔发泡的材料,泡孔密度为 $109 \sim 1\,015$ 个/cm^3,泡孔直径为 $0.1 \sim 10.0\ \mu m$,其泡孔尺寸远小于

传统发泡材料。这些小的气泡能够有效阻止材料中原有裂纹的扩展,使裂纹尖端变钝,因此冲击强度、韧性、疲劳周期、热稳定性等方面的性能都有显著提高,且泡孔的存在使材料密度减小。因此,对木纤维复合材料进行微孔发泡能够克服物理机械性能等方面的缺陷,在很大程度上提高材料的使用性能。

塑木复合制品正朝着功能化、高附加值方向发展,如阻燃型、增强型、抗老化型、抗蠕变型、保温隔热型等。本书中所开发的钢结构新型节能整体式外挂墙板尺寸较大,只能采用压成型方法与工艺(当前塑木复合制品研发的新趋势,如多层多工位间歇式、热挤冷压及连续滚压式)生产宽幅厚壁阻燃型板材加以应用。

2)保温材料的选择

(1)聚氨酯硬泡体

聚氨酯硬泡体是以异氰酸酯和聚醚为主要原料,在发泡剂、催化剂、阻燃剂等多种助剂的作用下,通过专用设备混合,经高压喷涂现场发泡而成的高分子聚合物,是一种具有保温与防水功能的新型合成材料,其导热系数低,仅为 $0.022 \sim 0.033$ W/(m² · K),相当于挤塑板的一半。其特性包括:高效节能,填充后无缝隙,固化后黏结强固;防震抗压,固化后不开裂,不腐化,不脱落;具有超低温热传导率,耐候保温;高效绝缘,隔音,固化后防水防潮;可黏附在混凝土、涂层、墙体、木材及塑料表面。

(2)酚醛泡沫塑料

酚醛泡沫塑料是一种新型难燃、防火低烟保温材料,它是由酚醛树脂加入阻燃剂、抑烟剂、发泡剂、固化剂及其他助剂制成的闭孔硬质泡沫塑料。其特性包括:具有均匀的闭孔结构,导热系数低,绝热性能好,与聚氨酯相当,优于聚苯乙烯泡沫;在火焰的直接作用下具有结碳、无滴落物、无卷曲、无熔化现象,火焰燃烧后表面形成一层"石墨泡沫"层,有效地保护层内的泡沫结构,抗火焰穿透时间可达 1 h;适用的温度范围大,短期内可在 $-200 \sim 200$ ℃下使用,可在 $140 \sim 160$ ℃下长期使用,优于聚苯乙烯泡沫(80 ℃)和聚氨酯泡沫(110 ℃);酚醛分子中只含有碳、氢、氧原子,受到高温分解时,除了产生少量 CO 气体外,不会再产生其他有毒气体,最大烟密度为 5.0%;25 mm 厚的酚醛泡沫板在经受 1 500 ℃的火焰喷射 10 min 后,仅表面略有碳化却烧不穿,既不会着火更不会散发浓烟和毒气;酚醛泡沫除了可能会被强碱腐蚀外,几乎能够耐所有无机酸、有机酸、有机溶剂的侵蚀;由于长期暴露于阳光下,无明显老化现象,因而具有较好的耐老化性;具有良好的闭孔结构,吸水率低,防蒸汽渗透力强,在作为隔热目的(保冷)使用时,不会出现结露;尺寸稳定,变化率小,在使用温度范围内尺寸变化率小于 4%;酚醛泡沫的成本低,仅相当于聚氨酯泡沫的 2/3。

（3）聚苯乙烯泡沫

聚苯乙烯泡沫板（EPS），是由含有挥发性液体发泡剂的可发性聚苯乙烯珠粒经加热预发后，在模具中加热而成型的白色物体。其具有微细闭孔的结构特点，主要用于建筑墙体，屋面保温，复合板保温，对建筑物主体结构进行保护，延长建筑物寿命。

（4）岩棉

岩棉原材料采用天然的火山岩石，是不燃性建筑材料防火材料。其有独特的纤维结构，产品内部形成成千上万的微型气穴，确保了其良好的隔热保温性能；具有高效的噪音吸收能力；具有防水性，但是水蒸气可以自由渗透；随着时间的推移，产品的保温性能不会失效。

（5）胶粉聚苯颗粒

胶粉聚苯颗粒由胶粉料、聚苯颗粒轻料和水泥混拌组成，现场加水即可使用（即胶粉聚苯颗粒保温砂浆），其保温性能较好，施工简单，黏结力强外面加以罩面砂浆，纤维增强抗裂能够解决面层空鼓裂等问题。

（6）空心微珠保温砂浆

空心微珠外观为灰白色或纯白色，是一种松散、流动性好的无机非金属粉体材料。空心玻璃微珠的特点有：隔音性、阻燃性、电绝缘性好，密度小，吸油率低，导热系数低，分散性和流动性好，化学稳定性高，并且抗压强度高。广泛用于保温涂料、胶粘剂、工程塑料、改性橡胶、电器绝缘件、玻璃钢、SMC、人造石等产品的优质填料。由于其性能稳定，耐候性好，因此得到了广泛应用。

几种常用保温材料的性能对比见表2.1。

表 2.1　常用保温材料性能对比

项目	聚氨酯硬泡体	聚苯乙烯泡沫	岩棉	胶粉聚苯颗粒	酚醛泡沫塑料	空心微珠保温砂浆
传热系数/ $(W \cdot m^{-2} \cdot K^{-1})$	0.033	0.042	0.065	0.06	0.020	0.089
防火性能	阻燃 B1 级	阻燃 B1 级	不燃 A 级	阻燃 B1 级	不燃 A 级	不燃 A 级
吸水性/%	≤0.08	≤0.2	≤5	≤0.07	≤0.08	≤0.2
隔音性	好	好	一般	一般	好	一般
容重/(kg·m⁻³)	35～40	18～25	60～200	250	50～100	440
最高使用温度/℃	75	65	600	75	180	1 500
价格	较高	较低	低	最低	低	高

2. 方案选定

木塑板具有良好的物理力学性能,其主要成分是塑料和纤维质材料,导热系数低。2010 年颁布的《夏热冬冷地区居住建筑节能设计标准》(JGJ 134—2010)对建筑围护结构提出了更高的性能要求。由于酚醛泡沫材料是一种具有保温与防水功能的新型合成材料,导热系数低,仅有 0.020 W/(m² · K),相当于挤塑板的一半,是目前所有保温材料中导热系数最低的。酚醛泡沫的成本低,仅相当于聚氨酯泡沫的 2/3。本方案选择在空心阻燃木塑板的基础上内部填充酚醛泡沫材料从而形成钢结构新型节能整体式外挂墙板的主体。

2.4.2 钢结构新型节能整体式外挂墙板的防火要求

1. 木塑板的防火阻燃性能

发生火灾的情况下,建筑外围护结构必须能够阻止或者延缓火势的蔓延,在规定的时间内保证建筑的承重能力,从而保证居住者的生命安全。对于合成材料来说,尤其应当考虑其防火要求。当合成材料应用于建筑外立面表皮时,应当充分而又谨慎地评判其抗火性能。评判材料防火性能的主要标准包括:可燃性、燃点、分解温度、释放的烟雾、分解物的毒性、分解物的腐蚀性等。除了合成材料燃烧时可能分解出来的毒气,其排放出来的烟雾也有可能给人们造成严重伤害。因而,对合成材料的使用也取决于该合成材料燃烧时排放的烟雾多少及毒性。除此之外,合成材料的分解物也会给其他材料造成严重腐蚀。合成材料的可燃性可以通过添加阻燃剂来降低。

木塑板能有效阻燃,防火等级达到 B1 级,遇火自熄,不产生任何有毒气体。高环保性、无污染、无公害、可循环利用。产品不含苯物质,甲醛含量为 0.2,低于 E0 级标准,为欧洲定级环保标准,防虫、防白蚁,有效杜绝虫类骚扰,延长使用寿命。

2. 木塑板的耐候性

木塑板材料的耐候性主要考虑吸水性、重量损失、耐水性、老化性、颜色坚牢度、防霉菌、防藻类、防虫蛀。美国材料实验协会(ASTM)开发了世界上第一个木塑复合材料铺板的质量标准。ASTM D7031 在 2004 年获得批准作为木塑板制造商的指南。2014 年,ASTM D7032 已公布,它设定了建筑规范所接受的木塑板铺板和护栏的产品规格。目前 ASTM 正致力于制定更多的标准,扩展木材和天然纤维复合材料在更高级建筑领域的应用。

近期数据显示,木质纤维的类型、长度、纤维组合、着色剂、耦合剂、润滑剂和其他添加剂间的相互作用非常复杂。木塑复合材料表现中组分作用的方式并不简单,也无法预测,并且看起来它们对风化、潮湿老化、霉菌和颜色损失都有影响。预测木纤维的老化反应非常困难。Madison 会议展示了 2 项耐候性老化研究,比较了标准实验室测试条件和天然或模拟老化条件下的吸湿性,并发现了一些令人费解和惊奇的结果。美国农业部森林产品实验室测试了紫外光加上喷水对 50% 木填充 HDPE 注塑件的影响。他们发现,紫外光加上喷水给木质复合材料造成的损害比单独的紫外光或浸水要大得多。按照标准的 ASTM 测试方式,3 000 周期的紫外光和喷水——每个周期包括 102 min 的紫外光照射,然后是 18 min 的紫外光加喷水——使得测试复合材料的颜色浅了 87%。而同样的周期数,每个周期 2 h 单独使用紫外光,颜色只浅约 28%。单独浸在水中的颜色变化也比紫外光/喷水小得多。通过紫外光加喷水,复合材料的密度也从 1.08 g/cc 降到 1.05 g/cc,而如果是单独紫外光,密度仅降到 1.07 g/cc。暴露在紫外光和喷水环境后,复合材料板也变薄了,而单独的紫外光并不会改变厚度。研究表明,紫外光加上水实际上会洗掉一层木质素,使木材降解。

Epoch 公司最初发现浓缩颜料可以提高老化性和颜色坚牢度。紫外/抗氧化剂稳定作用不能防止颜色变化,但肯定可以提高表面完整性和耐候性,混合金属氧化颜料完全不能提高颜色坚牢度。最初的数据也显示在化合前对木粉着色只能提高雪松色的颜色坚牢度,而对红杉色没有作用。使用二次加工的 HDPE 会引起表面降解,但不会影响颜色老化。

研究还揭示了自然室外使用和标准 ASTM 实验室测试其吸水性之间的巨大差异。Marek Gnatowski,加拿大塑料咨询公司 Polymer Engineering Co. 的研究总监在 Madison 报道中说,根据 ASTM D7031,24 小时浸渍实验铺板样品的吸湿率仅为 1%。但如果暴露在室外风化 21 个月,至少吸水 15%。据称,通常木质复合材料的总体水分含量不超过 2%。但在板材末端和板表面 1~7 mm 及以下的材料"经常含湿量超过 25%"。Gnatowski 注意到,25% 的含湿量正适合于霉菌来攻击木塑复合材料,较高的木含量会提高这个高度充满湿气的表面区域的深度。Gnatowski 还发现,在铺板化合物中添加硼酸锌作为生物杀灭剂也可以降低吸水性。"这个功能是不知道,也没有想到的",他补充道。在 Madison 会议上,密歇根州立大学森林系还展示了木-HDPE 复合材料在加速冰冻-熔化周期下的耐久性。冰冻和熔化会导致刚性的显著下降,而添加 2% 的耦合剂就可以避免这种现象。一项最新的发现是低含量的耦合剂可以大大提高表面的防潮性,而使发霉不再成为一个问题。

3. 防火面层

由以上分析可知,虽然酚醛泡沫保温层可以达到 A 级防火性能要求,但木塑板板材添加阻燃剂后能达到 B1 级防火性能要求,可以达到使用要求。但木塑板板材暴露在大气中会在水、紫外线等因素作用下产生一定的吸水、吸湿、褪色、虫蛀现象。即使添加耦合剂可以提高耐久性能,但原料及其配比不同的木塑板板材性能差异又比较大,因此有必要在木塑板板材外部附着一层兼具 A 级防火、耐候性能的其他材料对用于建筑物外墙的墙板进行保护,同时起到良好的装饰性能。

饰面型防火涂料是一种涂覆于可燃性基材表面后,既能因其平整的涂膜而起到一定的装饰作用,又能在火灾发生时因其涂层对可燃性基材起到防火保护、阻止火焰蔓延作用的膨胀型水性防火涂料。涂覆于基材表面上的涂层在遇火时膨胀发泡,形成泡沫层,泡沫层不仅隔绝了氧气,而且因其质地疏松而具有良好的隔热性能,可延滞热量传向被涂覆基材的速率;涂层膨胀发泡产生泡沫层的过程因为体积扩大而呈吸热反应,也消耗大量的热量,又有利于降低火灾现场的温度。由于该产品防火效果显著、装饰效果明显,故可广泛应用于工业和民用建筑内的木材及其制品、纤维板及其制品、纸板及其制品等可燃性基材,以及燃烧性能等级设计要求为 B1 级的其他装修材料。其技术性能符合 GB 12441—2005 国家标准的技术指标。防火性能达到一级。饰面型防火涂料成膜后涂层性能稳定,能适用各种气候条件,因此在全国各地均可使用。

1)水性防火涂料

以合成聚合物乳液或经聚合物乳液改性的无机胶粘剂为主要成膜物质,加入发泡剂、成炭剂和成炭催化剂组成的防火体系,制成以水分散介质的防火涂料,成为水性防火涂料。该涂料遇火灾时,形成均匀而致密的蜂窝状或海绵状的炭质泡沫层,对可燃性基材有良好的保护作用。其中的主要成膜物质品种有聚丙烯酸酯乳液、氯-偏乳酸、氯丁橡胶乳液、聚醋酸乙烯酯乳液、苯-丙乳液、水溶性氨基树脂、水溶性酚醛树脂、水溶性三聚氰胺甲醛树脂,以及硅溶液和水玻璃等。其特点是以水为分散介质,安全无毒、不燃烧,无"三废"公害,属于环保型建材产品;在生产、贮存、运输和施工过程中都十分安全和方便,具有易干燥、施工速度快的优点。除防火性能外,该涂料的其他性能与乳胶漆相似。但是,水性防火涂料在耐水和防潮性能方面不如溶剂型防火涂料,一般宜用于室内,并尽量避免在较潮湿的部位使用。

2)透明防火涂料

防火清漆是近几年发展起来并趋于成熟的一类饰面型防火涂料,一般由合成聚合物树脂为主题基料。基料本身可能带有一定量的阻燃基团和可发泡的基团,再加入少量的发泡剂、成炭剂和成炭催化剂等组成防火体系制备的透明防火涂料,也称为防火清漆。该涂料主要用于高级木质材料的装饰和防火保护。为了保证涂层的防火及其他使用性能,一般需要采用透明的罩面涂料罩面。实际使用中,透明防火涂料的用量一般为 $350\sim500$ g/m^2,罩面涂料的用量一般为 50 g/m^2。

3)溶剂型饰面防火涂料

该涂料过火时形成均匀而致密的蜂窝状或海绵状的炭质泡沫层,对可燃性基材有良好的保护作用。常用的主要成膜物质有酚醛树脂、过氯乙烯树脂、氯化橡胶、聚丙烯酸树脂、改性氨基树脂等;溶剂通常是 200 号溶剂汽油、二甲苯、醋酸丁酯等。该涂料的特点是耐水和防潮性能比较优异,适合于较潮湿的地区和相应的部位使用。涂层的光泽较好,具有较好的装饰性。

4) 废聚苯乙烯乳液防火涂料

聚苯乙烯塑料(PS)在包装、餐具等领域的一次性使用,给环境造成了日益严重的污染,PS 的回收利用已引起人们广泛的关注和研究者的浓厚兴趣。利用废聚苯乙烯泡沫塑料经预化改性乳液聚合后,加入复合防火添加剂,制备水性防火涂料,具有良好的装饰性、耐玷污性、优异的附着力、良好的成膜性能,硬度大、耐洗刷性好,具有较好的阻燃效果。这是一种性能良好、成本低廉的防火涂料。

这是一种回收利用废弃聚苯乙烯泡沫的绝好途径,对环境污染的治理做出了一定的贡献。所制得的防火涂料,施工方便,可进行刷涂或滚涂,适用于各种防火场所。由于该种涂料为水性涂料,最大限度地避免了施工中对环境的再污染。

基于以上性能分析,由于外墙板使用环境的要求,拟选择膨胀型废聚苯乙烯乳液饰面型防火涂料喷涂于木塑板板材外墙面。

4. 防火涂料的理化性能要求

废聚苯乙烯乳液饰面型防火涂料应符合 GB 12441—2005 中 4.2 条的规定,见表 2.2。

表 2.2 饰面型防火涂料理化性能

序号	检验项目名称	标准要求	试验方法
1	在容器中的状态	无结块,搅拌后呈均匀状态	
2	细度/μm	≤90	
3	干燥时间/h	表干,≤5	
		实干,≤24	
4	附着力/级	≤3	
5	耐燃时间/min	≥20	按 GB 12441—2005 规定试验
6	火焰传播比值	≤25	
7	质量损失/g	≤5	
8	炭化体积/cm³	≤25	
9	饰面型防火涂料电缆阻燃性实验	延燃长度<0.5 m	

注:防火涂料除表 2.2 规定的检验项目外,还应根据防火涂料的特性和预定用途,增加检验项目,并按相应的国家标准和其他认可的试验方法做必要的补充试验。

2.4.3 钢结构新型节能整体式外挂墙板的热工要求与节能参数

民用钢结构建筑结露现象较为普遍,尤其是梁、柱等"冷桥部位",甚至水珠流淌,洇湿大片墙面。由此可见,钢结构新型节能整体式外挂墙板板的冷桥和结露,是设计和使用中的主要问题,在考虑墙板的结构形式时,以热工性能要求确定墙板材料和墙板厚度的同时应加强"冷桥部位"的构造处理,防止结露现象的产生。

1. 设计依据

设计依据主要包括:《民用建筑热工设计规范》(GB 50176—2016);《夏热冬冷地区居住建筑节能设计标准》(JGJ 134—2010);《江苏省民用建筑热环境与节能设计标准》(DB 32/478—2001);《外墙外保温工程技术规程》(JGJ 144—2008)。

2. 墙板最小厚度的确定

保温墙板的厚度,除应满足由结构构造确定的最小厚度外,还应满足厂房对墙板的保温要求。保温墙板的厚度主要由保温要求确定。在确定墙板厚度时,应考虑使墙板本身具有较高的热阻,减少墙板的热损失;墙板内表面有较高的温度,不致结露;具有较低的建筑造价,较少的维修费用和采暖费用等因素。为简化起见,在确定墙板厚度时,可近似地假定用墙板代替传统的砖墙,屋盖结构,门窗位置、数量和尺寸等均与普通建筑相同。这样,仅考虑墙板本身的热工性能,即材料的性能和板的结构形式。

1) 传热系数

传热系数 K 是指在稳定传热条件下,围护结构两侧空气温度之差为 1 ℃时,在 1 h 内通过 1 m^2 面积的传热量,即 $K = \Delta q / \Delta t$。式中,Δq 为单位时间内单位面积围护结构传递的热量(单位:W/($m^2 \cdot K$));Δt 为围护构件两侧的空气温度差(单位:℃)。传热系数 K 与传热阻 R_0 互为倒数;传热阻 R_0 为试件热阻与内外表面换热阻之和,即 $R_0 = R_i + R + R_e$,式中,R_i 为内表面换热阻,R_e 为外表面换热阻。K 值是反映围护结构传热能力的一个重要指标,单位时间内传递的热量越多,围护结构保温隔热性能越差。《夏热冬冷地区居住建筑节能设计标准》对该地区建筑墙体的热惰性指标和传热系数提出了要求(见表 2.3)。

表 2.3 《夏热冬冷地区居住建筑节能设计标准》中关于墙体热工性能的规定

体形系数	墙体类型	传热系数 $K/(W \cdot m^{-2} \cdot K^{-1})$	
		热惰性指标 $D \leqslant 2.5$	热惰性指标 $D > 2.5$
≤0.4	外墙	1.0	1.5
	分户墙、楼梯间隔墙、外走廊隔墙	2.0	

体形系数	墙体类型	传热系数 K/(W·m^{-2}·K^{-1})	
		热惰性指标 $D \leqslant 2.5$	热惰性指标 $D > 2.5$
>0.4	外墙	0.8	1.0
	分户墙、楼梯间隔墙、外走廊隔墙	2.0	

2）外挂墙板厚度

外挂墙板构造层取"膨胀型废聚苯乙烯乳液饰面型防火涂料外面层 0.5 mm 厚＋木塑板 15 mm 厚＋酚醛泡沫 30 mm 厚＋内木塑板 10 mm 厚＋酚醛泡沫 69 mm 厚＋内木塑板 10 mm 厚＋酚醛泡沫 30 mm 厚＋木塑板 15 mm＋厚膨胀型废聚苯乙烯乳液饰面型防火涂料内面层 0.5 mm 厚,墙板共 180 mm 厚"。它完全可以满足《夏热冬冷地区居住建筑节能设计标准》中关于墙体热工性能的规定,外挂墙板材料热工指标见表 2.4。

表 2.4 外挂墙板材料热工指标

材料名称（由外到内）	厚度 δ/mm	导热系数 λ/(W·m^{-1}·K^{-1})	蓄热系数 S/(W·m^{-2}·K)	修正系数 α	热阻 R/(m^2·K·W^{-1})	热惰性指标 $D = RS$
木塑板	15	0.250	7.880	1.00	0.060	0.473
酚醛泡沫板	30	0.024	0.430	1.10	1.136	0.488
木塑板	10	0.250	7.880	1.00	0.040	0.315
酚醛泡沫板	70	0.024	0.430	1.10	2.652	1.140
木塑板	10	0.250	7.880	1.00	0.040	0.315
酚醛泡沫板	30	0.024	0.430	1.10	1.136	0.488
木塑板	15	0.250	7.880	1.00	0.060	0.473
各层之和 Σ	180				6.370	3.633
传热阻＝ $0.15 + \Sigma R$	6.520					

本章涉及的各种墙体没有考虑冷桥的不利影响,主要是因为该墙体没有使用轻钢等金属龙骨,其构造有效杜绝了冷桥现象的出现。

3 无洞口钢结构新型节能整体式外挂墙板的设计

3.1 无洞口钢结构新型节能整体式外挂墙板的构造设计

3.1.1 无洞口整体式墙板板型

为克服传统钢结构建筑使用的板材墙体重且大、配件多、难于拼接、密封处理复杂、保温性能和防火性能差、二次装修性能差的缺点,宜采用以厚度为180 mm 添加防火阻燃剂的塑木(WPC)空心型材截面板材作为主体材料,在塑木墙板空心部分填充满足 A 级防火性能要求的酚醛泡沫保温层,在其内外表面附着一层兼具 A 级防火、耐候性能的饰面型废聚苯乙烯乳液防火涂料对用于建筑物外墙的墙板进行保护,形成具有良好的保温隔热、装饰和防火性能的塑木保温防火型外挂墙板。由于墙板采用了塑木板作为墙板主体材料,空心部分填充满足 A 级防火性能要求的酚醛泡沫保温层,内外表面附着一层兼具 A 级防火、耐候性能的饰面型废聚苯乙烯乳液防火涂料,使得整个墙板系统达到 A 级防火材料要求,同时具有自重轻、保温隔热效果好、65%的节能效果、连接门窗方便、密封效果好的优点。

具体做法为在采用挤压成型方法与工艺生产 180 mm 厚的塑木(WPC)空心型材截面板材时添加无卤环保膨胀型防火阻燃剂,在塑木墙板空心部分填充满足 A 级防火性能要求的酚醛泡沫保温层,在其内外表面附着一层兼具 A 级防火、耐候性能的饰面型废聚苯乙烯乳液防火涂料,形成主体墙板。

设墙板厚度为 180 mm,高度为 2.8～4.2 m,宽度为 600～2 100 mm,当建筑物墙体较宽时采用多块企口形式板材拼装并使用无色透明止水条和密封胶密封,为提高墙板承受水平风荷载的能力,在板材中按照间距 200～300 mm 在墙板型材内设置暗柱;需要开设门窗洞口的墙板,在洞口周边设有暗梁和暗柱,可以直接连接门窗和墙板,密封效果良好。施工安装时,采用专用连接件将墙板固定于钢梁上,连接件间距为 300 mm,采用三面围焊焊接于钢梁上。

木塑墙板板型和木塑龙骨(隐藏式)如图 3.1 所示。图中,L 为墙板有效宽度,t 为墙板厚度,n 为墙板外缘空心格数。

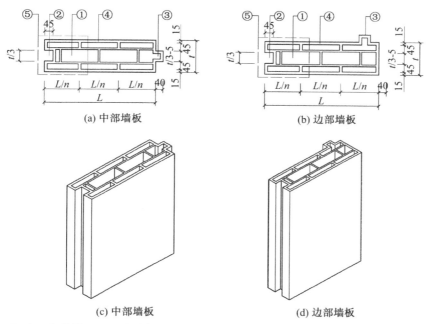

(a) 中部墙板　　　　　　　　　　　　(b) 边部墙板

(c) 中部墙板　　　　　　　　　　　　(d) 边部墙板

① 空心部分填充酚醛泡沫保温层;② 凹企口;③ 凸企口;④ 塑木板;⑤ 暗柱

图 3.1　木塑墙板板型和木塑龙骨(隐藏式)构造

3.1.2　无洞口整体式外挂墙板的连接构造

墙板的拼接、墙板与钢结构主体间的连接、墙板与梁连接件、墙板与柱连接件构造如图 3.2 和图 3.3 所示。

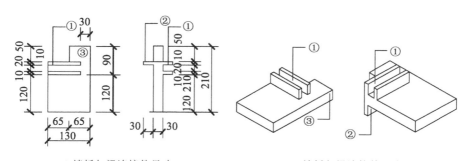

(a) 墙板与梁连接件尺寸　　　　　　　(b) 墙板与梁连接件形式

① 连接件上卡槽;② 连接件下卡具;③ 连接件板托

图 3.2　墙板的连接件构造(无洞口)

对于无门窗洞口的墙体,墙板采用图 3.2 所示的连接件按照间距 200～300 mm 与钢梁进行焊接,墙板下部内壁卡在连接件上卡槽内,墙板上部内壁卡在连接件下卡具内,为确保连接件的可靠性,墙板的部分板肋承载于连接件板托上,即完成墙板与结构主体的连接,具体如图3.3 所示。

建筑物墙体均采用多块企口形式板材拼装并使用无色透明止水条和密封胶密封,在其内外表面附着一层兼具 A 级防火、耐候性能的饰面型废聚苯乙烯乳液防火涂料。

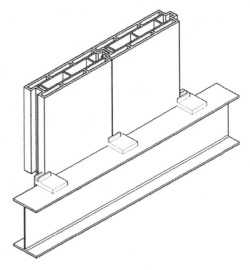

图 3.3　墙板的拼接、连接构造(无洞口)

3.1.3　钢结构新型节能整体式内隔墙板的构造

设内隔墙板厚度为 120 mm,高度为 2.8～4.2 m,宽度为 900～2 100 mm,当建筑物墙体较宽时采用多块企口形式板材拼装并使用无色透明止水条和密封胶密封,在板材中按照间距 200～300 mm 在墙板型材内设置暗柱,如图 3.3 所示;需要开设门窗洞口的墙板,在洞口周边设有暗梁和暗柱,可以直接连接门窗和墙板,密封效果良好。施工安装时,采用图 3.2 所示的专用连接件将墙板固定于钢梁上,连接件间距 300 mm,采用三面围焊焊接于钢梁上,如图 3.4 所示。

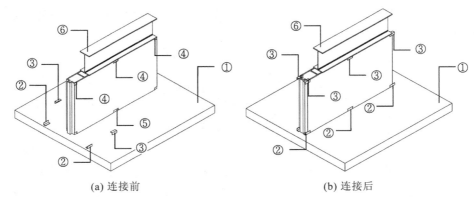

(a) 连接前　　　　　　　　　　　(b) 连接后

① 混凝土楼面板;② 下连接件;③ 上连接件;④ 上连接件槽;⑤ 下连接件槽;⑥ 钢梁

图 3.4　内隔墙板的构造

3.2　钢结构新型节能整体式外挂墙板的承重结构设计

3.2.1　木塑板材料力学性能试验

本试验采用万能试验机对木塑板进行抗压与抗弯试验。抗压和抗弯试验各取 5 个试件,试验前保证所有试件表面没有可见裂纹、刮痕或其他可能影响试验结果的缺陷,并计算每个试件的面积 A 和抗弯模量 W。由于目前没有木塑板的试验标准,此处采用塑料的压缩性能试验方法和弯曲性能试验方法。对于抗压试验,木塑板的高度取 30 mm,加载前保证试件中心线与两压板表面中心连线重合,试件的上、下端面与试验机的加压面完全平行,加载速度为 1 mm/min,抗压强度按 $\sigma=F/A$ 计算,其中 F 为试件破坏时的荷载。对于抗弯试验,木塑板的下跨距取 150 mm,加载时力的作用线通过木塑板的中心,加载速度为 2 mm/min,抗弯强度按 $\sigma=\dfrac{FL}{4W}$ 计算,其中 F 为试件被破坏时的荷载。如图 3.5 所示。

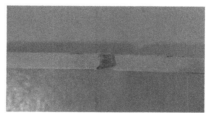

(a) 抗弯试验

(b) 抗压试验

图 3.5　木塑板性能试验

1. 试验试件

试验所用木塑板是由山东枣庄某木塑有限公司生产的,主要原料包括:HDPE、PP、PVC、木粉、$CaCO_3$、增塑剂、稳定剂、抗氧剂等。试件的主要技术参数见表 3.1。

表 3.1 木塑板试件主要技术参数

序号	抗压试验		抗弯试验		密度/$(kg \cdot m^{-3})$	吸水率/%
	宽度/mm	厚度/mm	宽度/mm	厚度/mm		
试件 1	10.20	14.80	20.20	14.80		
试件 2	10.20	14.80	20.16	14.80		
试件 3	10.12	14.80	20.18	14.80	1 271	0.35
试件 4	10.18	14.80	19.98	14.80		
试件 5	10.20	14.80	20.18	14.80		

2. 试验结果

试验得到的木塑板的力学性能参数见表 3.2。

表 3.2 木塑板的力学性能参数

序号	抗弯荷载最大值/kN	抗弯强度/MPa	抗弯强度平均值/MPa	抗压荷载最大值/kN	抗压强度/MPa	抗压强度平均值/MPa
1	0.338	17.19		3.14	20.80	
2	0.334	17.02		3.12	20.67	
3	0.331	16.85	17.06	3.10	20.70	20.72
4	0.339	17.43		3.11	20.64	
5	0.330	16.80		3.14	20.80	

表 3.2 给出了木塑板的抗压性能指标和抗弯性能指标，通过对试验数据的对比分析可以发现，抗压和抗弯试验所得的试件的荷载—位移曲线基本保持一致。因此以每个试验中的一个试件为例，用图 3.6 来描述木塑板的抗压和抗弯荷载—位移曲线。

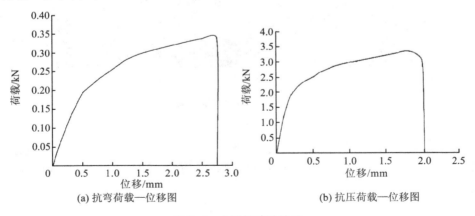

(a) 抗弯荷载—位移图　　　　　　　(b) 抗压荷载—位移图

图 3.6 木塑板试验结果

3. 抗压性能试验分析

（1）木塑板的抗压荷载—位移曲线表明，试件刚加载时应力很小，大约为0.2倍的抗压强度，此时位移与荷载按比例增长，呈现出明显的弹性特性。继续加大荷载，这一阶段荷载增加得较为缓慢，而位移迅速增加，曲线的斜率逐渐减小，试件产生塑性变形。当荷载增加到极限荷载附近时，试件的塑性变形有了较大的发展，但试件表面没有出现肉眼可见的裂缝。当到达极限荷载后，突然出现一条与荷载垂直方向呈60°的斜裂缝，之后裂缝迅速开展，试件被破坏。

（2）木塑板的破坏过程十分短暂、快速，为明显的脆性材料。压缩弹性模量为 2 500 N/mm^2，比较低。但其抗压强度为 20.72 MPa，大于 C35 混凝土的轴心抗压强度，能够满足钢结构建筑隔墙所需强度的要求。

4. 抗弯性能试验分析

（1）木塑板的抗弯荷载—位移曲线表明，试件开始加载后，在应力较小时，荷载与变形成比例增加，之后位移迅速增大，曲线凸向纵坐标，试件出现较大的塑性变形，但试件表面未出现肉眼可见的裂缝。当荷载达到极限荷载时，在试件跨中底面出现一条细而短的裂缝，裂缝产生后迅速沿截面展开，试件的承载力迅速下降，而变形增加较少，形成陡峭的下降段，试件被破坏。

（2）试件在极限荷载附近出现明显的尖峰，说明这种木塑板不具有延性，被破坏前无明显的征兆。

（3）抗弯试验也说明木塑板是一种脆性材料，它的抗弯强度为17.06 MPa，也能够满足钢结构外墙的要求。

综上，木塑材料虽然是脆性材料，但力学性能能够满足要求，且具有比其他隔墙材料较好的保温性，能利用废旧填充物进行保温，因此研究木塑保温板隔墙具有重要的意义。

5. 有限元分析

1）模型的建立

笔者采用 Midas FEA 通用有限元程序对木塑板的抗弯试验进行模拟。木塑板采用三维实体单元模拟，结合实际试验情况，输入木塑板的本构关系，如图3.7 所示。采用自由网格划分方法对模型进行网格划分，荷载的施加方式采用递增加载方式，有限元模型见图 3.7a。

2）模型的验证

采用 Midas FEA 对木塑板的抗弯试验进行模拟，有限元分析结果与试验结果的比较见表 3.3。由表 3.3 可以看出，有限元分析结果与试验结果的误差在 6% 左右，在工程允许误差范围，能够满足工程需要，证明了有限元模型的正确性，为进一步研究木塑板的其他性能奠定了基础。

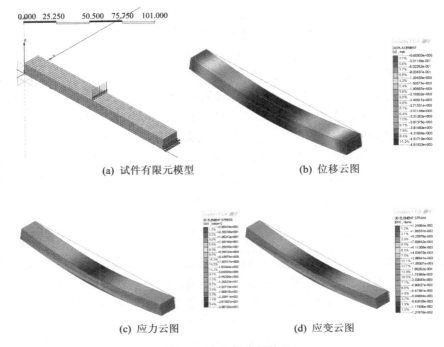

图 3.7　木塑板分析结果

表 3.3　木塑墙板抗弯数据比较

序号	抗弯强度			跨中挠度		
	实测值/MPa	模拟值/MPa	误差/%	实测值/mm	模拟值/mm	误差/%
试件 1	17.19	16.90	1.69	2.65	2.75	3.77
试件 2	17.02	16.52	2.94	2.31	2.29	0.87
试件 3	16.85	15.98	5.16	2.06	2.26	9.71
试件 4	17.43	16.93	2.87	2.75	2.88	4.73
试件 5	16.80	16.30	2.98	1.98	2.08	5.05

3）结论

（1）木塑板抗压试验和抗弯试验表明，木塑板是一种脆性材料。无论是抗压还是抗弯，它的破坏过程都很迅速，没有明显的预兆。试件在极限荷载前表面没有出现可见的裂缝，而当荷载超过极限荷载后，就会出现一条主裂缝，导致试件被破坏。

（2）试验结果和理论分析表明，木塑板的承载力能够满足实际工程要求，且具有较好的保温和防腐性能，用木塑板替代其他隔墙结构是完全可行的。

（3）Midas 的计算模型是正确的，可以利用 Midas 对木塑板的其他力学性能进行分析研究。

3.2.2 墙板的承重结构设计

木塑自保温外墙板作为围护结构应用于钢结构中，为非承重构件。木塑自保温外墙板与钢框架之间应有可靠的连接，但木塑自保温外墙板本身无法直接与钢框架进行连接，故必须采用一定的连接件。通过几种连接方式的对比，最终确定的连接方式如图 3.8 所示。连接件与钢梁之间采用螺栓连接或焊接连接，木塑板有 4 个空腔，上、下两端分别有 2 个连接件插入空腔中，上下共 4 个连接件将木塑板卡住，在上、下木塑板的交接处设止水条并涂密封胶。木塑板的左右两端利用木塑板自身的结构形式，采用企口式连接，在企口处涂密封胶，粘密封条。

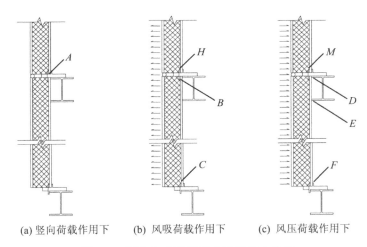

(a) 竖向荷载作用下　　(b) 风吸荷载作用下　　(c) 风压荷载作用下

图 3.8　竖向和水平荷载作用下传力路径

1. 竖向荷载作用下传力路径

竖向荷载作用下，外墙体系的传力路径如图 3.8a 所示，本层的木塑外墙板自重传给本层的连接件点 A，再由连接件传到钢梁上。连接件的受力简化方式根据具体的连接方式有所不同。若连接件采用螺栓连接，则在对连接件进行受力分析时，将连接件的螺栓处简化为两个铰支座，点 A 承受集中力和弯矩；若连接件采用焊接连接，则在对连接件进行受力分析时，连接件焊接在钢梁上，故将连接件简化为一端固结的悬臂梁，点 A 承受集中力和弯矩。

2. 水平荷载作用下传力路径

在负风压作用下，外墙体系的传力路径如图 3.8b 所示，风荷载作用在木塑外墙板上，外墙板将风荷载传给本层的连接件的上翼缘点 C 和上一层连接件的

下翼缘点 B，连接件再将风荷载传给钢框架，对木塑外墙板进行受力分析计算时，将木塑板简化为 B、C 两端简支的简支梁。若连接件采用螺栓连接，则在对连接件进行受力分析时，将连接件的螺栓处简化为两个铰支座，点 B 和点 F 承受集中力；若连接件采用焊接连接，则在对连接件进行受力分析时，连接件焊接在钢梁上，故将连接件简化为一端固结的悬臂梁，点 B 承受集中力。

在正风压作用下，如图 3.8c 所示，风荷载作用在木塑外墙板上，木塑板将风荷载传给本层连接件的上翼缘点 F 和上一层钢梁的 2 个翼缘点 D、点 E，连接件再将风荷载传给钢梁钢框架。对木塑外墙板进行受力分析计算时，由于钢梁的高度相对于木塑外墙板的长度较小，故可以忽略不计，将木塑板简化为 D、F 两端简支的简支梁。若连接件采用螺栓连接，则在对连接件进行受力分析时，将连接件的螺栓处简化为 2 个铰支座，点 F 承受集中力；若连接件采用焊接连接，在对连接件进行受力分析时，连接件焊接在钢梁上，故将连接件简化为一端固结的悬臂梁，点 F 承受集中力。

3. 水平荷载作用下的木塑外墙板的最大长度确定

木塑外墙板用于钢结构中，板的最大允许长度为多少，一层层高采用几块板材，或者一块板材能用于几层，这些都是未知的，故在进行连接件设计之前必须确定风荷载作用下的木塑外墙板的最大允许长度，为以后的设计计算提供依据。

以深圳地区为例，假设某建筑物为钢框架结构，高度为 30 m，采用木塑外墙板，计算墙板的最大尺寸。

1）作用在建筑物上的风荷载

计算公式为

$$\omega_k = \beta_{gz} \mu_s \mu_z \omega_0$$

式中：ω_k——风荷载标准值；

β_{gz}——高度 z 处的阵风系数；

μ_s——风荷载体形系数；

ω_0——基本风压。

对于深圳地区，基本风压 $\omega_0 = 0.75$ kN/m²；对于高层建筑，基本风压取 $\omega_0 = 0.90$ kN/m² 时，地面粗糙度为 A 类。查《建筑结构荷载规范》（GB 50009—2012）知，$\beta_{gz} = 1.53$；正风压下 $\mu_s = 0.8$，负风压下 $\mu_s = -0.5$；$\mu_z = 1.67$。

作用在建筑物上的地震荷载为

$$q_E = \beta_E \alpha_{max} G_k / A$$

式中：q_E——垂直于墙板平面的分布水平地震作用标准值；

β_E——动力放大系数，可取 5.0；

$\alpha_{\max}$——水平地震影响系数最大值,由《建筑抗震设计规范》(GB 50011—2010)中表 5.1.4-1 确定;

A——墙板平面面积;

G_k——墙板重力荷载代表值。

以 9 度抗震设防地区为例,查《建筑抗震设计规范》(GB 50011—2010)中表 5.1.4-1 得,多遇地震影响下 $\alpha_{\max}=0.32$,假设墙板长度为 H,则由木塑板和酚醛树脂密度及板型计算得 $G_k=0.448\,45H$ kN,$A=0.6H$ m²(板宽 600 mm),$q_E=1.196$ kN/m²。

2)负风压作用下外墙板的最大长度计算

负风压作用下,外墙板按简支梁进行计算,有 $\omega_k=1.53\times0.5\times1.67\times0.9=1.15$ kN/m²。

作用在宽 600 mm 的板上的线荷载为 $q=1.15\times0.6=0.69$ kN/m。

(1)挠度计算

木塑板按简支梁计算,其计算简图如图 3.9 所示。

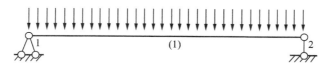

图 3.9　计算简图

跨中挠度的计算公式为

$$f=\frac{5ql^4}{384EI}$$

式中,$E=2\,142$ MPa,$I_x=144\,520\,943.75$ mm⁴,$I_y=1\,228\,643\,959.175\,6$ mm⁴,截面面积 $A=31\,725$ mm²。

参考《地震灾区过渡安置房建设技术导则》中对外墙板的规定,硬质聚氨酯夹芯板挠度与跨度比宜限值为 $\dfrac{l}{250}$。木塑板挠度限值取 $f_{\lim}=\dfrac{l}{250}$,可反算出按简支板计算的单跨最大长度。

(2)板挠度公式推导

由公式(3.1)和(3.2)的计算可得出板的挠度公式为

$$f=\frac{5ql^4}{384EI}=\frac{2\omega_kl^4}{384EI}=\frac{\beta_{gz}\mu_s\mu_z}{192EI}\cdot\omega_0l^4$$

令 $k=\dfrac{\beta_{gz}\mu_s\mu_z}{192EI}$,则有 $f=k\omega_0l^4$,得

$$l=\sqrt[4]{\frac{f}{k\omega_0}}$$

此即为负风压作用下的木塑外板的最大允许长度的一般表达式。由此可以计算出在负风压作用下木塑外墙板的最大允许长度,分别取建筑高度为90,150,300 m,则负风压作用下木塑外墙板的最大允许长度见表3.4。

表 3.4　负风压作用下木塑外墙板的最大允许长度(层高 3 m)

m

建筑物高度	30	90	150	300
最大允许长度	47.9	45.4	44.2	42.6

3)正风压作用下外墙板的最大长度计算

正风压作用下的计算方法与负风压作用下的计算相同。

$$\omega_k = 1.53 \times 0.8 \times 1.67 \times 0.9 = 1.84 \text{ kN/m}^2$$

作用在宽 600 mm 的板上的线荷载为 $q = 1.84 \times 0.6 = 1.104$ kN/m。

也可以计算出在正风压作用下木塑外墙板的最大允许长度,分别取建筑高度为90,150,300 m,则正风压作用下木塑外墙板的最大允许长度见表3.5。

表 3.5　正风压作用下板的最大允许长度(层高 3 m)

m

建筑物高度	30	90	150	300
最大允许长度	42.6	40.3	39.3	37.9

同理,也可计算出水平地震荷载作用下的木塑外墙板的最大允许长度,分别取建筑高度为90,150,300 m,则水平地震荷载作用下木塑外墙板的最大允许长度见表3.6。

表 3.6　水平地震荷载作用下木塑外墙板的最大允许长度(层高 3 m)

抗震设防烈度	6 度	7 度 (0.1 g)	7 度 (0.15,0.3 g)	8 度 (0.1 g)	8 度 (0.15,0.3 g)	9 度
多遇地震						
$q_E/(\text{kN} \cdot \text{m}^{-2})$	0.149	0.299	0.448	0.598	0.897	1.196
最大允许长度/m	37.2	31.3	28.2	26.3	23.7	22.1
罕遇地震						
$q_E/(\text{kN} \cdot \text{m}^{-2})$	1.05	1.87	2.69	3.36	4.48	5.23
最大允许长度/m	22.9	19.8	18.0	17.1	15.9	15.3

4. 木塑外墙板的强度验算

考虑方便施工等因素,取木塑外墙板板长为楼层的层高 3 m,下面进行风荷载作用下的强度验算。

1)风压作用下板的强度验算

$$\sigma = \frac{M}{W} = 0.182 \text{ MPa} < 17.06 \text{ MPa,满足。}$$

2)风吸作用下板的强度验算

$$\sigma = \frac{M}{W} = 0.114 \text{ MPa} < 17.06 \text{ MPa,满足。}$$

3)地震作用下板的强度验算

$$\sigma = \frac{M}{W} = 0.503 \text{ MPa} < 17.06 \text{ MPa,满足。}$$

结果见表 3.7。

表 3.7 水平地震荷载作用下板的截面最大应力(层高 3 m)

抗震设防烈度	6 度	7 度 (0.1 g)	7 度 (0.15,0.3 g)	8 度 (0.1 g)	8 度 (0.15,0.3 g)	9 度
多遇地震						
q_E/(kN·m^{-2})	0.149	0.299	0.448	0.598	0.897	1.196
截面最大应力/MPa	0.063	0.126	0.188	0.251	0.377	0.503
罕遇地震						
q_E/(kN·m^{-2})	1.05	1.87	2.69	3.36	4.48	5.23
截面最大应力/MPa	0.441	0.786	1.131	1.412	1.883	2.198

5. 有限元分析验证

1)模型的建立

笔者采用 Midas FEA 通用有限元程序对木塑板的抗弯试验进行模拟。木塑板采用三维实体单元模拟,结合实际试验情况,输入木塑板的本构关系(参见图 3.7)。采用自由网格划分方法对模型进行网格划分,荷载的施加方式采用递增加载方式,有限元模型见图 3.10。

2)计算结果

由有限元分析可得,木塑墙板截面最大应力为 0.13 MPa,小于17.06 MPa;最大位移为 2.8 mm,小于 H/150＝20 mm。与计算结果基本吻合,满足要求。

同样,其在水平地震荷载作用下,木塑墙板截面最大应力和最大位移均小于限值,满足要求。

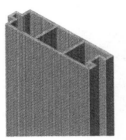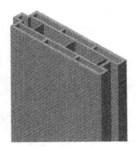

(a) 单元划分

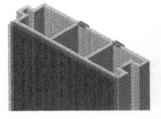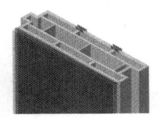

(b) 风载施加

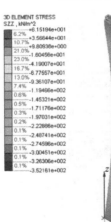

(c) 应力云图

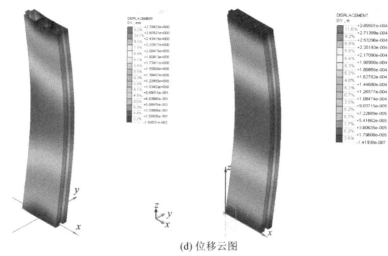

(d) 位移云图

图 3.10　有限元分析结果

3.2.3　木塑外墙板连接件设计

无洞口的木塑外墙板通过连接件与钢框架连接在一起,连接件的连接方式分为 2 种,即螺栓连接和焊接连接。下面分别确定这 2 种连接方式下连接件的尺寸,并对这两种连接方式进行技术经济对比,选出最优的连接方式。

1. 螺栓连接

假设木塑板长 3 m,钢卡与钢梁之间用螺栓连接,螺栓采用 M16,4.6 级,根据《钢结构设计规范》(GB 50017—2003)中关于普通螺栓的排列和构造要求,初步选定连接件的部分尺寸。通过强度和挠度计算校核后,最终确定连接件的尺寸。

1) 连接件强度计算

木塑板密度:$\rho=1\ 271\ \text{kg/m}^3$;酚醛树脂密度:$\rho=60\ \text{kg/m}^3$;

单块 600 mm 宽木塑板体积:$V=95\ 175\ 000\ \text{mm}^3=0.095\ 175\ \text{m}^3$;

单块 600 mm 宽酚醛树脂体积:$V=226\ 140\ 000\ \text{mm}^3=0.226\ 14\ \text{m}^3$。

因此,单块 600 mm 宽木塑板重量为

$G=1\ 271\times0.095\ 175+60\times0.226\ 14=134.54\ \text{kgf}=1\ 345.4\ \text{N}$。

一块木塑板的重量由 2 个连接件承受,假设上卡口中部承担荷载的一半,另一半以弯矩的形式施加于连接件,每一个连接件承受的重量为

$$F=G/4=336.35\ \text{N}$$

连接件尺寸及截面示意如图 3.11 所示,连接件的计算简图如图3.12 所示。

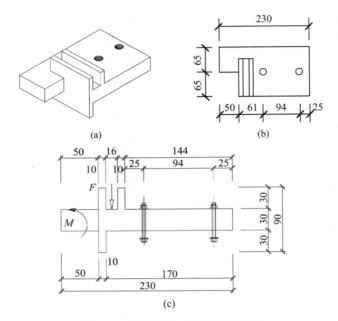

图 3.11　连接件尺寸及截面示意图

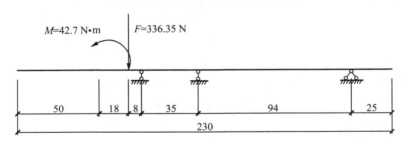

图 3.12　连接件计算简图

由图 3.12 可求得连接件截面最大弯矩 $M=45.39$ N·m,取连接件有效宽度 $b=100$ mm,则构成截面抗弯模量 $W=\dfrac{bh^2}{6}=\dfrac{100\times30^2}{6}=15\,000$ mm³(其中,h 为连接件厚度),故连接件强度 $\sigma=\dfrac{M}{W}=\dfrac{45.39\times1\,000}{15\,000}=3.03$ N/mm² $<$ 205 N/mm²,满足要求。

当取连接件板厚为 20 mm 时,$\sigma=\dfrac{M}{W}=\dfrac{45.39\times1\,000}{6\,666.7}=6.8$ N/mm² $<$ 205 N/mm²,仍满足要求。

2) 连接件挠度验算

根据《玻璃幕墙规范工程技术规范》(JGJ 102—2003),钢型材立柱的挠度

限值

$$d_{f,\lim}=\frac{l}{250}$$

其中，l 为支点间距离（mm），悬臂构件取挑出长度的 2 倍。

此处连接件为钢型材，考虑到 20% 的富余度，故挠度限值 $d_{f,\lim}=0.51$ mm。

经过试算得出，当抗弯刚度 $EI=2.06\times10^{5}\times100\times20^{3}/12=1.38\times10^{8}$ N·mm 时，连接件的最大挠度出现在图 3.12 左端悬臂处，最大挠度为 0.056 mm，满足要求。

3）连接件卡槽厚度复核（抗剪）

$$\tau=\frac{1.656\times1\,000}{100\times10}=1.656\ \text{N/mm}^{2}<120\ \text{N/mm}^{2}，满足要求。$$

4）连接件卡槽高度复核（抗弯）

$$\sigma=\frac{M}{W}=\frac{1.656\times1\,000\times20\times6}{10\times20^{2}}=49.68\ \text{N/mm}^{2}<205\ \text{N/mm}^{2}，满足要求。$$

4）连接件卡槽挠度复核（抗弯）

经计算，连接件卡槽挠度最大值为 0.032 mm＜2×20/250 mm＝0.16 mm，满足要求。

最终取连接件（Q235 钢材）厚度为 20 mm，确定连接件尺寸如图 3.13 所示。

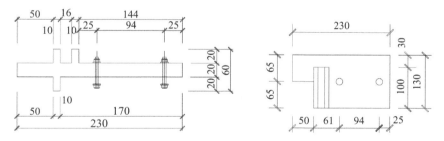

图 3.13　螺栓连接件定型尺寸

5）螺栓的抗拉强度验算

螺栓采用 4.6 级，直径选取 16 mm，拉力螺栓承载力计算公式为

$$N_{t}^{b}=\frac{\pi d_{e}^{2}}{4}f_{t}^{b}=\frac{\pi\times14.123\,6^{2}}{4}\times0.6\times400=37\,600\ \text{N}$$

其中，d_{e} 为螺栓的有效直径。螺栓承受的拉力 $F=608.11$ N＜N_{t}^{b}，不会拉断。故采用 4.6 级、M16 的螺栓符合要求。

6）建筑物不同高度下的连接件强度和挠度验算

根据以上计算方法，可以同样计算出不同高度的建筑物中的连接件在风压作用下的强度和挠度值最大,计算结果见表 3.8。

表 3.8 不同高度下连接件的应力及挠度值

高度/m	β_{gz}	μ_z	ω_k/(kN·m^{-2})	q/(kN·m^{-1})	抗弯截面应力/MPa	是否满足要求	抗剪截面应力/MPa	是否满足要求	挠度/mm	是否满足要求
30	1.53	1.67	1.84	1.104	49.67	是	1.656	是	0.032	是
90	1.46	2.18	2.29	1.375	61.87	是	2.062	是	0.040	是
150	1.43	2.46	2.53	1.520	68.39	是	2.280	是	0.044	是
300	1.40	2.91	2.93	1.760	79.20	是	2.640	是	0.051	是

2. 焊接连接

假设连接件与钢梁的连接采用直角角焊缝,下面验算连接件的强度和挠度。

由以上分析可知,连接件与钢梁焊接在一起,可以看为一个整体,在竖向荷载作用下,可将悬挑在钢梁边缘的连接件简化为悬臂梁,悬臂梁承受木塑板的自重及弯矩。

1) 强度验算

$$\sigma = \frac{M}{W} = \frac{45.39 \times 1\,000}{6\,666.7} = 6.8 \text{ N/mm}^2 < 205 \text{ N/mm}^2 ,满足要求。$$

2) 挠度验算

此处连接件为钢型材,考虑到 20% 的富余度,故挠度限值 $d_{f,\text{lim}} = 0.064$ mm。

经过试算得出,当抗弯刚度 $EI = 2.06 \times 10^5 \times 100 \times 20^3 / 12 = 1.38 \times 10^8$ N·mm 时,连接件的最大挠度出现在图 3.12 左端悬臂处,最大挠度为 0.056 mm,满足要求。

3) 连接件卡槽厚度复核(抗剪)

$$\tau = \frac{1.656 \times 1\,000}{100 \times 10} = 1.656 \text{ N/mm}^2 < 120 \text{ N/mm}^2 ,满足要求。$$

4) 连接件卡槽高度复核(抗弯)

$$\sigma = \frac{M}{W} = \frac{1.656 \times 1\,000 \times 20 \times 6}{10 \times 20^2} = 49.68 \text{ N/mm}^2 < 205 \text{ N/mm}^2 ,满足要求。$$

5) 连接件卡槽挠度复核(抗弯)

经计算,连接件卡槽挠度最大值为 0.032 mm < 2×20/250 mm = 0.16 mm,满足要求。

6) 焊缝验算

连接件与钢梁的连接采用直角角焊缝,焊脚尺寸 $h_f = 10$ mm,焊缝尺寸如

图 3.14 所示。连接件受到一个竖向力 $F_1 = 336.35$ N，一个弯矩 $M = 42.7$ N·m（静力荷载），同时还受到板传来的风荷载，在正风压作用下水平力 $F_2 = 827.85$ N，负风压作用下 $F_2 = 517.41$ N。钢材为 Q235，焊条为 E43 型。焊缝有效厚度 $h_0 = 0.7h_f = 7$ mm。

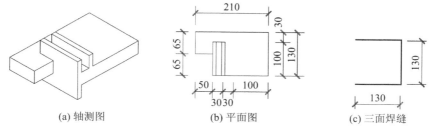

(a) 轴测图　　　(b) 平面图　　　(c) 三面焊缝

图 3.14　焊缝连接件及焊缝形式与尺寸

焊缝截面特征为

$$y_1 = \frac{2 \times 130 \times 7 \times 65 + 130 \times 7 \times 3.5}{2 \times 130 \times 7 + 130 \times 7} = 44.5 \text{ mm}$$

$$y_2 = 130 - 44.5 = 85.5 \text{ mm}$$

惯性矩为

$$I = 2 \times \left[\frac{1}{12} \times 7 \times 130^3 + 7 \times 130 \times \left(\frac{130}{2} - 44.5 \right)^2 \right] + \frac{1}{12} \times 130 \times 7^3 +$$
$$103 \times 7 \times (44.5 - 3.5) = 3\,369\,047.5 \text{ mm}^4$$

焊缝面积为

$$A = 130 \times 7 \times 2 + 130 \times 7 = 2\,730 \text{ mm}^2$$

端部焊缝面积为

$$A_f = 130 \times 7 = 910 \text{ mm}^2$$

侧面焊缝面积为

$$A_{fc} = 130 \times 7 \times 2 = 1\,820 \text{ mm}^2$$

风压作用下焊缝强度计算：

焊缝承担的轴力为

$$N = F_1 = 336.35 \text{ N}$$

焊缝承担的剪力为

$$V = F_2 = 827.85 \text{ N}$$

焊缝承担的弯矩为

$$M = M_1 + F_1 y_2 - F_2 h$$
$$= 42\,700 + 336.35 \times 85.5 - 827.85 \times 20$$
$$= 54\,900.9 \text{ N·mm}$$

$$\sigma_f^N = \frac{N}{A_f} = \frac{336.35}{910} = 0.37 \text{ MPa}$$

$$\tau_f^V = \frac{V}{A_{fc}} = \frac{827.85}{1\,820} = 0.455 \text{ MPa}$$

$$\sigma_f^M = \frac{M}{W_x} = \frac{54\,900.9 \times 85.5}{3\,369\,047.5} = 1.39 \text{ MPa}$$

最不利位置焊缝强度为

$$\sqrt{\left(\frac{\sigma_f^M + \sigma_f^N}{\beta_f}\right)^2 + (\tau_f^V)^2} = \sqrt{\left(\frac{0.37 + 1.39}{1.22}\right)^2 + 0.455^2}$$
$$= 1.51 \text{ MPa} < f_f^w = 160 \text{ MPa}$$

3.3 技术经济对比

3.3.1 螺栓连接经济性

假设某工程中连接件采用六角头螺栓(C级),M16,公称长度为 50 mm 的螺栓进行连接每个螺栓的价格为 1 元,每个连接件需要 2 个螺栓固定,故每个连接件需要螺栓的总价格为 2 元,一个普通工人日工资为 150 元。

3.3.2 焊接连接经济性

E43 焊条焊 8 mm 高的焊角能有效地焊 40 mm,此处焊缝高 7 mm,相当于 E43 的焊条能有效地焊 46 mm,连接件的焊缝长度为 $130 \times 2 + 130 = 390$(mm),每个连接件需要 9 根焊条,每根焊条的价格为 0.3 元,故一个连接件采用焊接连接方式需要的焊条总价格为 2.7 元,一个焊工的日工资为 180 元。

3.3.3 经济性分析

由袁建新编著、中国建筑工业出版社出版的《袖珍建筑工程造价计算手册》可知,普通工人与焊工的日工作量一样。假设某工程需要 1 000 块木塑板,采用 2 000 个连接件,20 天安装完成,则采用螺栓连接方式的材料费为 4 000 元,人工费为 3 000 元,总消费为 7 000 元;采用焊接连接方式的材料费为 5 400 元,人工费为 3 600 元,但焊接用连接件用钢量比螺栓连接少 2 000 元,总消费为 7 000 元。

由此可得采用这 2 种连接方式所需费用相差不大,可以根据具体的工程选择具体的连接方式。

3.4 无洞口墙板连接件最终方案

由以上分析,最终选定无洞口墙板螺栓连接及焊接连接使用的连接件,如

图 3.15 和图 3.16 所示。

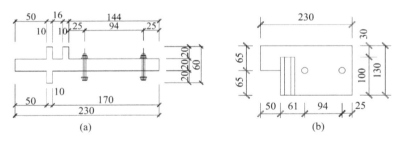

(a)

(b)

图 3.15　螺栓连接件定型尺寸(4.6 级 M16 普通螺栓)

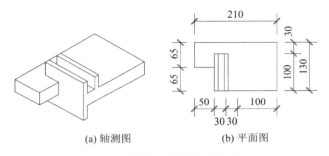

(a) 轴测图　　　　　　(b) 平面图

图 3.16　焊缝连接件形式与尺寸

4 有洞口钢结构新型节能整体式外挂墙板的设计

第 3 章主要对无洞口的木塑自保温外墙体系进行了设计。当外墙板有洞口时,木塑板形式及其与框架之间的连接方式与无洞口的木塑自保温外墙体系相同,但第 3 章设计的连接件不再适用于洞口处的连接。本章将针对有洞口的木塑自保温外墙体系进行设计,对洞口处的连接件进行设计,确定洞口处连接件的形式及连接件的尺寸。

4.1 有洞口钢结构新型节能整体式外挂墙板的构造设计

4.1.1 有洞口整体式墙板板型

有洞口整体式墙板板型的形式与无洞口整体式墙板相同,如图 4.1a 和 4.1b 所示,但在洞口处由于需要固定门窗,洞口侧的墙板边缘构件与无洞口墙板不同,为了保证墙体边缘与门窗的连接牢固,需要对墙体洞口边缘的木塑板壁厚做加厚处理,如图 4.1c 所示。

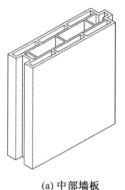
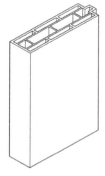

(a) 中部墙板   (b) 洞口侧边平口墙板

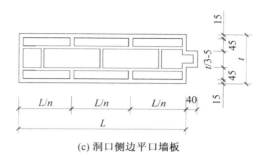

(c) 洞口侧边平口墙板

图 4.1　整体式墙板板型(有洞口)

　　墙板的拼接、墙板与钢结构主体间的连接、墙板与梁连接件、墙板与柱连接件构造如图 4.2 所示。

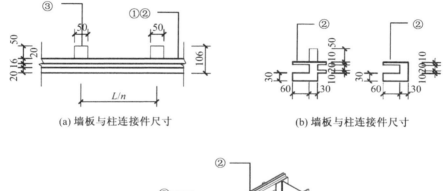

(a) 墙板与柱连接件尺寸　　　　　　(b) 墙板与柱连接件尺寸

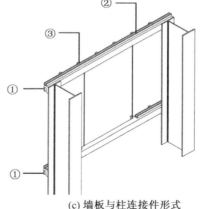

(c) 墙板与柱连接件形式

① 连接件上卡槽；② 连接件下卡具；③ 连接件板托

图 4.2　墙板的拼接、连接构造(有洞口)

　　对于有门窗洞口的墙体,洞口两侧墙体采用图 4.1 所示的墙板与其他墙板相拼接,采用图 4.2 所示的洞口边框的卡槽与图 4.1 所示墙板连接形成洞口边柱,采用图 4.2 所示洞口上下边龙骨分别与洞口上、下边墙板连接,上下边龙骨与钢结构柱翼缘焊接,形成墙板(带洞口)与结构主体的连接。

有洞口的木塑自保温外墙板与钢框架的连接方式不用再进行设计,与无洞口的木塑自保温外墙体系相同,对于洞口处设计首先需要确定连接件形式,其次是确定荷载的传力路径,最后确定计算简图,通过计算确定连接件的尺寸。

4.1.2 有洞口整体式墙板传力路径

1. 竖向荷载作用下

传力路径如图 4.3a 所示。洞口上面的外墙板将竖向荷载 G 传给横向龙骨,横向龙骨将荷载 G 传给竖向龙骨 A、B,竖向龙骨将横向龙骨传来的荷载传给钢框架。

2. 水平荷载作用下

传力路径如图 4.3b 所示。风荷载 q 作用在木塑外墙板上,洞口上面的外墙板将水平荷载 q 传给横向龙骨上的点 C、点 D,由横向龙骨将荷载传给钢框架。

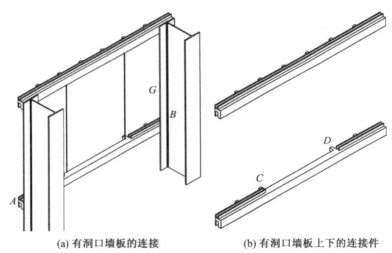

(a) 有洞口墙板的连接　　　　　　(b) 有洞口墙板上下的连接件

图 4.3　有洞口整体式墙板传力路径

4.2　竖向荷载和水平荷载作用下横向龙骨验算

假设建筑物层高 3 m,柱距 3.6 m,窗台高度 900 mm,外墙上有窗,窗的尺寸为 2 400 mm×1 500 mm,窗上、下分别安装 1 根横向龙骨,横向龙骨焊接在钢框架柱。窗高 1 500 mm,窗宽 2 400 mm,则窗上面需要 6 块木塑板,洞口每边各有 1 块木塑板,板长为 600 mm 木塑板的重量传到横向龙骨上,横向龙骨再传到两边的钢框架柱上。

4.2.1 竖向荷载作用下横向龙骨验算

将上述方案的连接件改为卡口壁厚 10 mm,槽宽 16 mm。

1. 荷载分析

窗上一块 600 mm 长的木塑板的重量为 $G_1 = 269.08$ N,8 块 600 mm 长的木塑板的重量为 $G = 269.08 \times 8 = 2\,152.64$ N,转化为作用在横向龙骨上的线荷载为 $q = 0.598$ N/mm。

横向龙骨的计算简图、弯矩图及断面图如图 4.4 所示。

竖向荷载下横向龙骨的弯矩 $M_x = ql^2/24 = 0.598 \times 3\,600^2/24 = 322\,920$ N·mm。

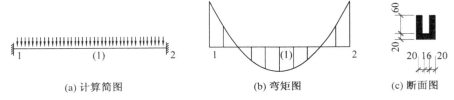

| (a) 计算简图 | (b) 弯矩图 | (c) 断面图 |

图 4.4 竖向荷载作用下横向龙骨计算简图、弯矩图及断面图

2. 强度计算

$A = 3\,640$ mm^2,$I_x = 2\,069\,465.2$ mm^4,$I_y = 1\,535\,613.3$ mm^4,$i_x = 23.844$ mm,$i_y = 20.54$ mm,$W_x = 51\,736.6$ mm^3,$W_y = 54\,843.3$ mm^3。连接件强度 $\sigma = \dfrac{M}{W} = \dfrac{322\,920}{51\,736.6} = 6.24$ MPa<205 MPa,满足要求。

3. 变形验算

横向龙骨采用 Q235 级钢,$E = 2.06 \times 10^5$ N/mm^2。

横向龙骨的挠度限值为 $3\,600/500 = 7.2$ mm,考虑到 20% 的富余度,取挠度限值为 6 mm,横向龙骨的截面见图 4.4c。

此时横向龙骨跨中挠度为

$$\omega = \frac{ql^4}{384EI} = \frac{0.598 \times 3\,600^4}{384 \times 2.06 \times 10^5 \times 2\,069\,465.2} = 0.62 \text{ mm} < 6 \text{ mm}$$

所取截面满足要求。

4.2.2 水平荷载作用下横向龙骨验算

1. 荷载分析

横向龙骨在水平荷载作用下的计算简图如图 4.5 所示。

图 4.5 水平荷载作用下横向龙骨计算简图

$$\omega_k = 1.53 \times 0.8 \times 1.67 \times 0.9 = 1.84 \text{ kN/m}^2$$

$$q = 1.84 \times 0.6 = 1.104 \text{ kN/m}$$

水平荷载下横向龙骨的弯矩 $M_y = ql^2/24 = 1.104 \times 3\,600^2/10 = 596\,160$ N·mm。

2. 强度计算

$$\sigma = \frac{M}{W} = \frac{596\,160}{54\,843.3} = 10.9 \text{ MPa} < 205 \text{ MPa}，满足要求。$$

3. 变形验算

横向龙骨跨中挠度为

$$\omega = \frac{ql^4}{384EI} = \frac{1.104 \times 3\,600^4}{384 \times 2.06 \times 10^5 \times 1\,535\,613.3} = 1.53 \text{ mm} < 6 \text{ mm}$$

所取截面满足要求。

同理，墙板在水平地震荷载作用下（多遇地震）满足要求，龙骨截面复核结果见表 4.1。

表 4.1　水平地震荷载作用下龙骨计算结果

抗震设防烈度	6 度	7 度 (0.1 g)	7 度 (0.15,0.3 g)	8 度 (0.1 g)	8 度 (0.15,0.3 g)	9 度
多遇地震						
$q_E/$ (kN·m^{-2})	0.149	0.299	0.448	0.598	0.897	1.196
$M_y/$ (N·mm)	4 023	8 073	12 096	16 146	24 219	32 292
截面最大应力/MPa	0.073	0.147	0.221	0.294	0.442	0.589
挠度/mm	0.62	1.24	1.86	2.48	3.72	4.96
罕遇地震						
$q_E/$ (kN·m^{-2})	1.05	1.87	2.69	3.36	4.48	5.23
$M_y/$ (N·mm)	28 350	50 490	72 630	90 720	120 960	141 210
截面最大应力/MPa	0.517	0.921	1.324	1.654	2.206	2.575
挠度/mm	4.36	7.76	11.16	13.94	18.58	21.69

4.2.3　焊缝验算

横向龙骨与竖向龙骨采用直角角焊缝连接，$h_f = 10$ mm，作用在横向龙骨上的作用力为 $q = 0.598$ N/mm。如图 4.6 所示，钢板为 Q235，手工焊，焊条为

E43 型。

1. 荷载分析

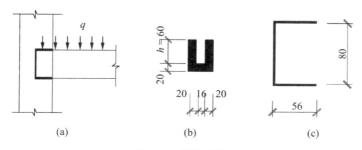

图 4.6　焊缝验算

从图 4.6 中可知,焊缝受剪力和弯矩的值为

$$M=ql^2/12=0.598\times3\ 600^2/12=645\ 840\ \text{N}\cdot\text{mm}$$

$$V=1\ 076.4\ \text{N}$$

在 300 m 高度处,

$$M_w=2.93\times0.6\times3.6^2/12=1\ 898\ 640\ \text{N}\cdot\text{mm}$$

2. 计算焊缝截面特性

先计算焊缝截面的形心轴 $x-x$ 的位置。

$$y_1=\frac{2\times66\times33+80\times7\times3.5}{2\times66\times7+80\times7}=21.88\ \text{mm}$$

$$y_2=56-21.88=34.12\ \text{mm}$$

$$I_{ux}=\frac{1}{12}\times7\times80^3+2\times\frac{56\times7^3}{12}+56\times7\times43.5^2=1\ 043\ 630\ \text{mm}^4$$

$$I_{uy}=2\times\frac{1}{12}\times7\times56^3+2\times56\times7\times6.12^2+\frac{80\times7^3}{12}+80\times7\times25.38^2$$

$$=597\ 257\ \text{mm}^4$$

竖向焊缝面积 $A_1=80\times7=560\ \text{mm}^2$

水平焊缝面积 $A_2=2\times56\times7=784\ \text{mm}^2$

3. 焊缝验算

$$\sigma=\frac{646\ 840\times47}{1\ 043\ 630}=29.09\ \text{MPa}$$

$$\sigma_w=\frac{1\ 898\ 640\times21.88}{597\ 257}=69.6\ \text{MPa}$$

$$\tau=\frac{1\ 076.4}{560}=1.92\ \text{MPa}$$

最不利位置处焊缝强度验算

$$\sqrt{\left(\frac{\sigma}{\beta}\right)^2+\tau^2}=\sqrt{\left(\frac{29.09}{1.22}\right)^2+1.92^2}=23.92 \text{ MPa}<f_f^w=160 \text{ MPa}$$

$$\sqrt{\left(\frac{\sigma_w}{\beta}\right)^2+\tau^2}=\sqrt{\left(\frac{69.6}{1.22}\right)^2+1.92^2}=57.08 \text{ MPa}<f_f^w=160 \text{ MPa}$$

满足要求。

同理,墙板在水平地震荷载作用下(多遇地震)满足要求,焊缝复核结果见表4.2。

表 4.2　水平地震荷载作用下焊缝计算结果

抗震设防烈度	6 度	7 度 (0.1 g)	7 度 (0.15,0.3 g)	8 度 (0.1 g)	8 度 (0.15,0.3 g)	9 度
多遇地震						
$q_E/(\text{kN} \cdot \text{m}^{-2})$	0.149	0.299	0.448	0.598	0.897	1.196
$M/(\text{N} \cdot \text{mm})$	96 552	193 752	290 304	387 504	581 256	775 008
σ/MPa	7.60	15.25	22.84	30.49	45.74	60.99
τ/MPa	1.92	1.92	1.92	1.92	1.92	1.92
强度验算	6.52	12.64	18.82	25.07	37.54	50.03
罕遇地震						
$q_E/(\text{kN} \cdot \text{m}^{-2})$	1.05	1.87	2.69	3.36	4.48	5.23
$M/(\text{N} \cdot \text{mm})$	680 400	1 211 760	1 743 120	2 177 280	2 903 040	3 389 040
σ/MPa	53.54	95.36	137.17	171.34	228.45	266.69
τ/MPa	1.92	1.92	1.92	1.92	1.92	1.92
强度验算	43.93	78.19	112.45	140.45	187.26	218.61

4.2.4　横向龙骨最终方案

将图4.6中的 h 改为 30 mm,再次进行计算。

1. 竖向荷载作用下的强度和变形计算

$A=2$ 440 mm², $I_x=512$ 480.9 mm⁴, $I_y=966$ 433.1 mm⁴, $W_x=18$ 501.1 mm³, $W_y=34$ 515.5 mm³。

$$\sigma=\frac{M}{W}=\frac{322\ 920}{18\ 501.1}=17.45 \text{ MPa}<205 \text{ MPa,满足要求。}$$

横向龙骨采用 Q235 级钢, $E=2.06\times10^5$ N/mm²。

横向龙骨的挠度限值为 3 600/500=7.2 mm,考虑到 20% 的富余度,取挠度限值为 6 mm,横向龙骨的截面见图4.4c。

此时横向龙骨跨中挠度为

$$\omega = \frac{ql^4}{384EI} = \frac{0.598 \times 3\ 600^4}{384 \times 2.06 \times 10^5 \times 512\ 480.9} = 2.48\ \text{mm} < 6\ \text{mm}$$

所取截面满足要求。

2. 水平荷载作用下的强度和变形计算

$$\sigma = \frac{M}{W} = \frac{596\ 160}{18\ 501.1} = 32.2\ \text{MPa} < 205\ \text{MPa},满足要求。$$

横向龙骨跨中挠度为

$$\omega = \frac{ql^4}{384EI} = \frac{1.104 \times 3\ 600^4}{384 \times 2.06 \times 10^5 \times 966\ 433.1} = 2.43\ \text{mm} < 6\ \text{mm}$$

所取截面满足要求。

3. 焊缝验算

先计算焊缝截面的形心轴 $x-x$ 的位置。

$$y_1 = \frac{2 \times 66 \times 33 + 50 \times 7 \times 3.5}{2 \times 66 \times 7 + 50 \times 7} = 24.89\ \text{mm}$$

$$y_2 = 56 - 24.89 = 31.11\ \text{mm}$$

$$I_{wx} = \frac{1}{12} \times 7 \times 50^3 + 2 \times \frac{56 \times 7^3}{12} + 56 \times 7 \times 28.5^2 = 394\ 520\ \text{mm}^4$$

$$I_{wy} = 2 \times \frac{1}{12} \times 7 \times 56^3 + 2 \times 56 \times 7 \times 3.11^2 + \frac{50 \times 7^3}{12} + 50 \times 7 \times 28.39^2$$

$$= 466\ 085.8\ \text{mm}^4$$

$$A_1 = 50 \times 7 = 350\ \text{mm}^2$$

$$A_2 = 2 \times 56 \times 7 = 784\ \text{mm}^2$$

$$\sigma = \frac{645\ 840 \times 32}{394\ 520} = 154.0\ \text{MPa}$$

$$\sigma_w = \frac{1\ 898\ 640 \times 24.89}{466\ 085.8} = 101.4\ \text{MPa}$$

$$\tau = \frac{1\ 076.4}{350} = 3.1\ \text{MPa}$$

最不利位置处焊缝强度验算

$$\sqrt{\left(\frac{\sigma}{\beta}\right)^2 + \tau^2} = \sqrt{\left(\frac{154}{1.22}\right)^2 + 3.1^2} = 126.3\ \text{MPa} < f_f^w = 160\ \text{MPa}$$

$$\sqrt{\left(\frac{\sigma_w}{\beta}\right)^2 + \tau^2} = \sqrt{\left(\frac{101.4}{1.22}\right)^2 + 1.92^2} = 83.2\ \text{MPa} < f_f^w = 160\ \text{MPa}$$

满足要求。

同理,墙板在水平地震荷载作用下(多遇地震)满足要求,焊缝复核结果见表 4.3。

表 4.3　水平地震荷载作用下焊缝计算结果

抗震设防烈度	6 度	7 度 (0.1 g)	7 度 (0.15,0.3 g)	8 度 (0.1 g)	8 度 (0.15,0.3 g)	9 度
多遇地震						
$q_E/$ $(kN \cdot m^{-2})$	0.149	0.299	0.448	0.598	0.897	1.196
$M/$ $(N \cdot mm)$	96 552	193 752	290 304	387 504	581 256	775 008
σ/MPa	6.63	13.30	19.93	26.60	39.91	53.21
τ/MPa	3.1	3.1	3.1	3.1	3.1	3.1
强度验算	6.26	11.34	16.63	22.03	32.86	43.72
罕遇地震						
$q_E/$ $(kN \cdot m^{-2})$	1.05	1.87	2.69	3.36	4.48	5.23
$M/$ $(N \cdot mm)$	680 400	1 211 760	1 743 120	2 177 280	2 903 040	3 389 040
σ/MPa	46.71	83.20	119.68	149.49	199.31	232.68
τ/MPa	3.1	3.1	3.1	3.1	3.1	3.1
强度验算	38.42	68.26	98.15	122.57	163.40	190.75

4.3　不同尺寸的洞口的连接件设计

钢结构外墙的窗洞尺寸一般为

宽：1 200 mm,1 500 mm,1 800 mm,2 100 mm,2 400 mm；

高：1 200 mm,1 500 mm,1 800 mm,2 100 mm,2 400 mm,2 700 mm。

对于层高为 3 m 的钢结构,其窗洞的高度最大为 1 800 mm。此外,窗宽 1 200,1 500,1 800,2 100,2 400 mm 在窗高分别为 1 200,1 500,1 800,2 100 mm 等不同尺寸的洞口下,横向龙骨的截面形式及其强度和变形。横向龙骨均满足要求。

4.4　有洞口墙板的连接件最终方案

有洞口墙板的连接件最终方案如图 4.7 所示。

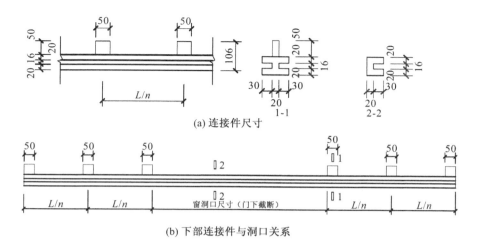

(a) 连接件尺寸

(b) 下部连接件与洞口关系

图 4.7　有洞口墙板的连接件最终方案

5 钢结构新型节能整体式外挂墙板节能分析与试验研究

5.1 钢结构建筑及节能外挂墙板参数

本章选择标准 180 mm 厚新型节能整体式外挂墙板,采用连接件挂在钢结构外部,以消除热桥影响,墙板拼接时采用密封胶条和密封胶实现气密性和水密性,新型节能整体式外挂墙板空心内部填充酚醛树脂泡沫以提高保温和隔热效果。

选取钢结构建筑案例为 8 层两单元住宅楼,建筑层高 3 m,其建筑施工图与结构施工图如图 5.1 和图 5.2 所示。

(a) 建筑施工图设计总说明

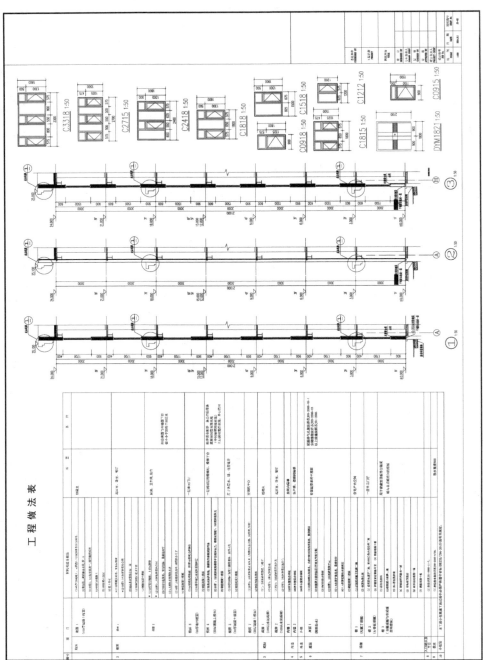

(b) 工程做法表

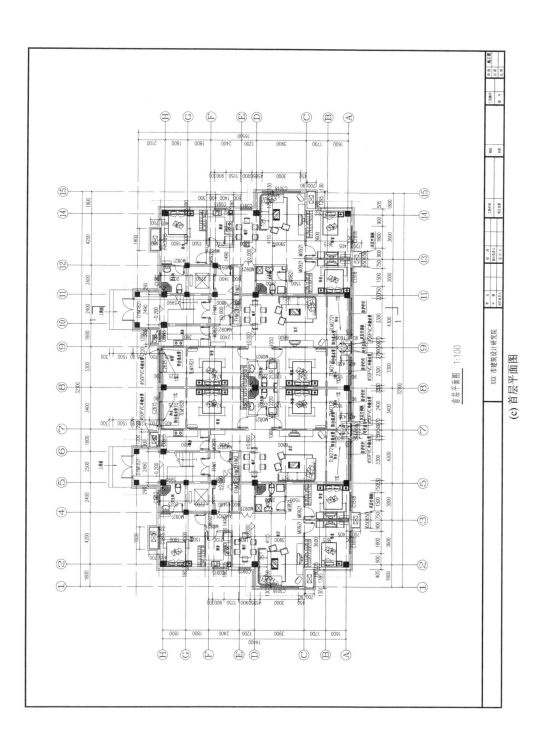

首层平面图　1:100

（c）首层平面图

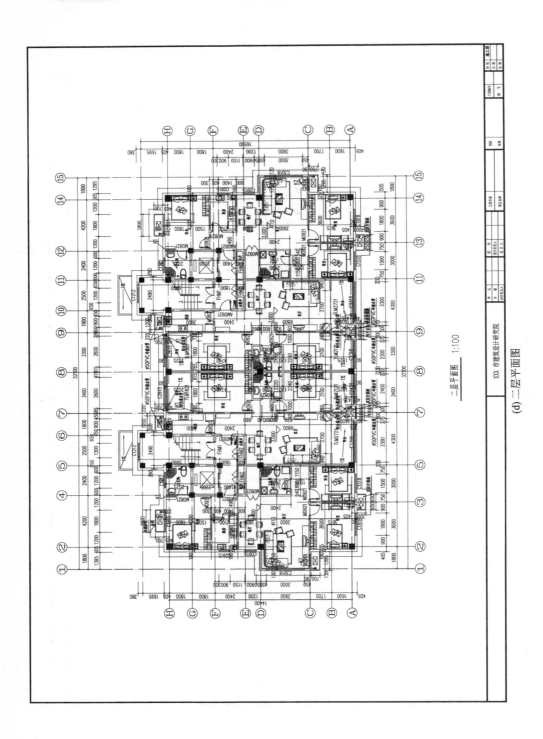

二层平面图 1:100

(d) 二层平面图

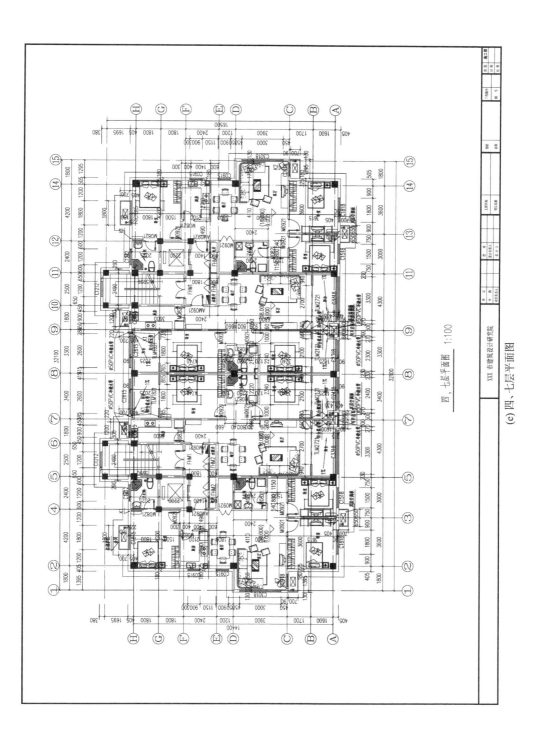

四、七层平面图 1:100

(e) 四、七层平面图

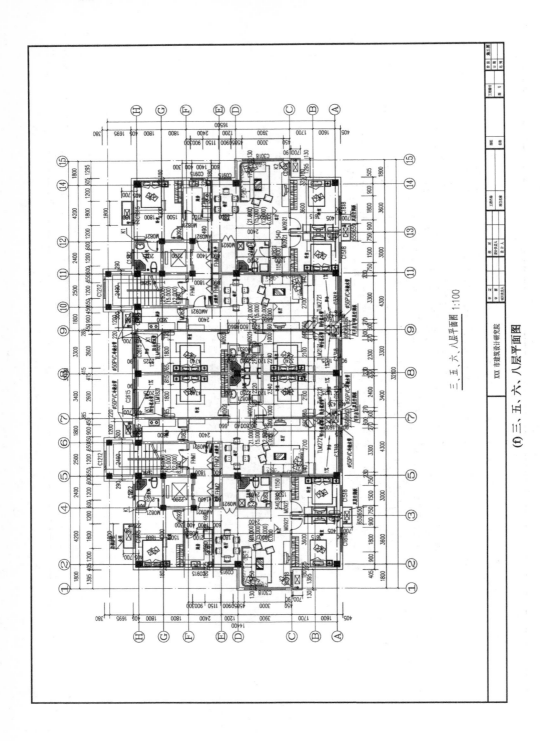

三、五、六、八层平面图 1:100

(f)三、五、六、八层平面图

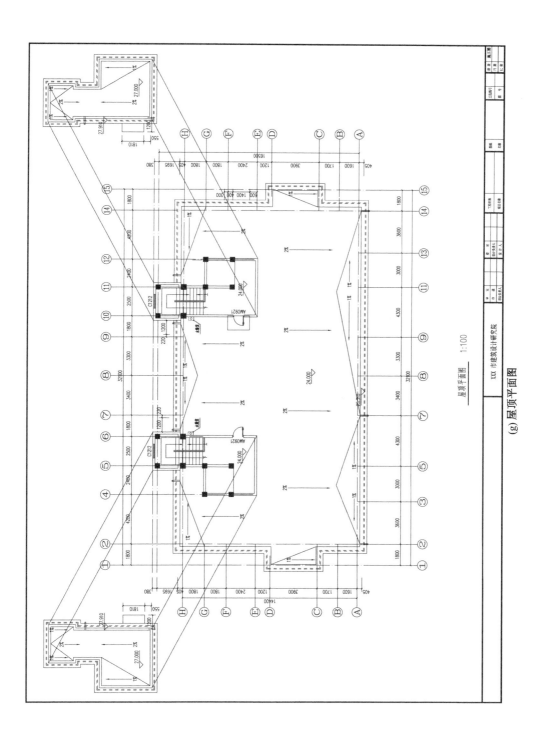

(g) 屋顶平面图

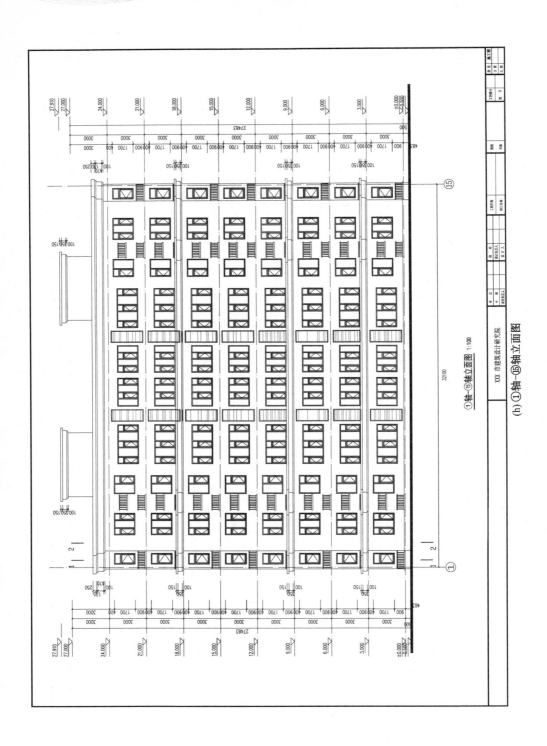

①轴~⑮轴立面图 1:100

(h) ①轴~⑮轴立面图

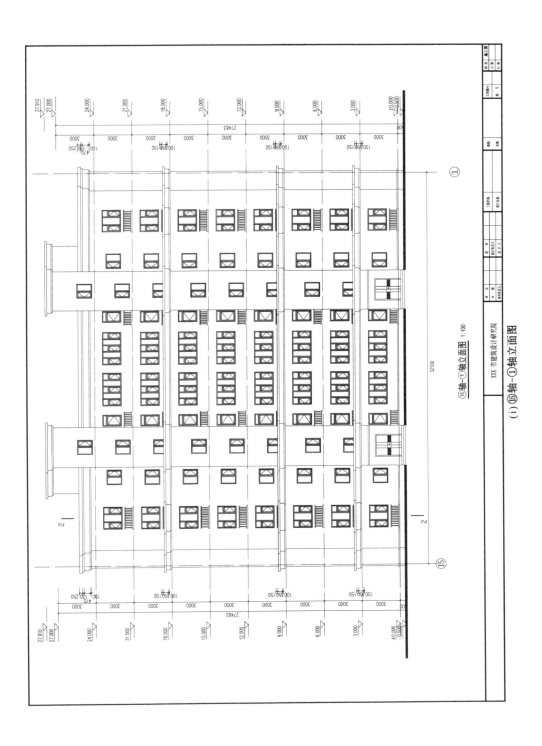

⑮轴—①轴立面图 1:100

XXX 市建筑设计研究院

（i）⑮轴—①轴立面图

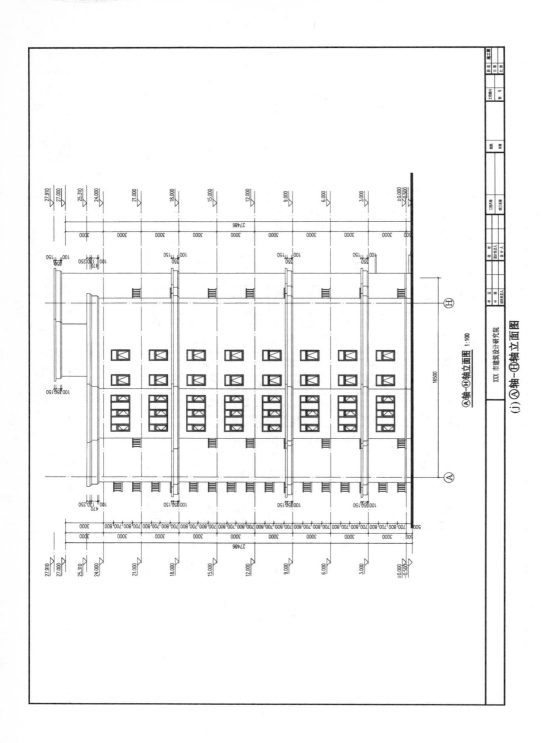

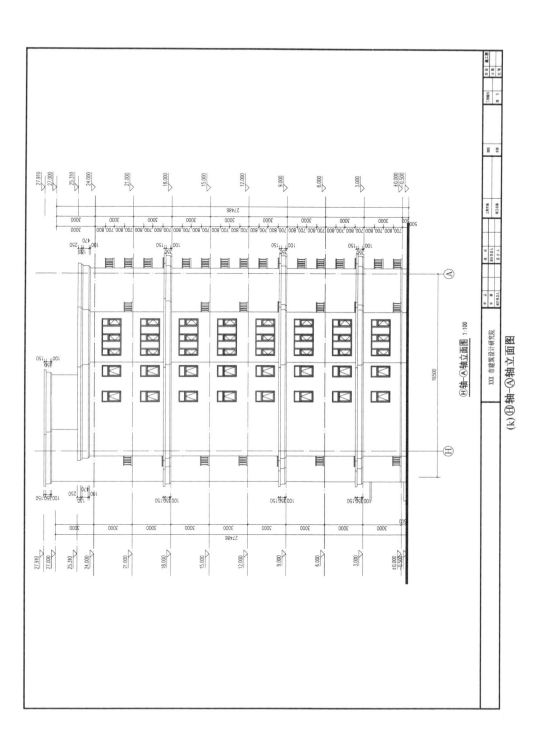

(k)Ⓗ轴-Ⓐ轴立面图

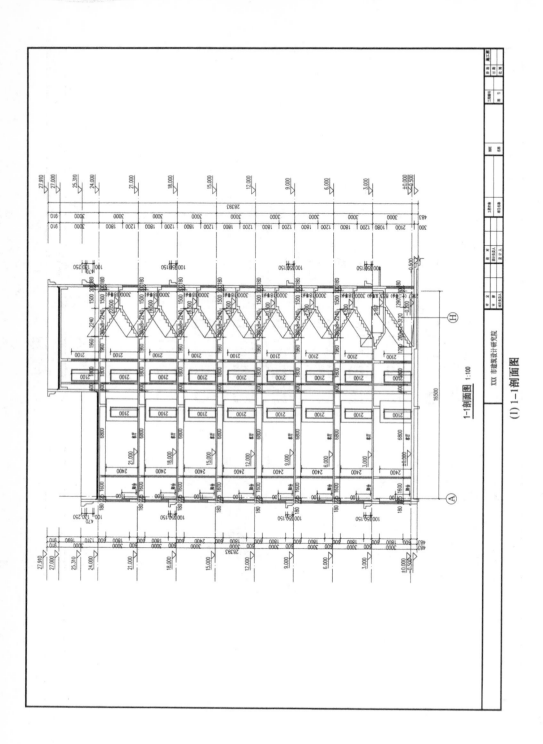

（1）1—1剖面图

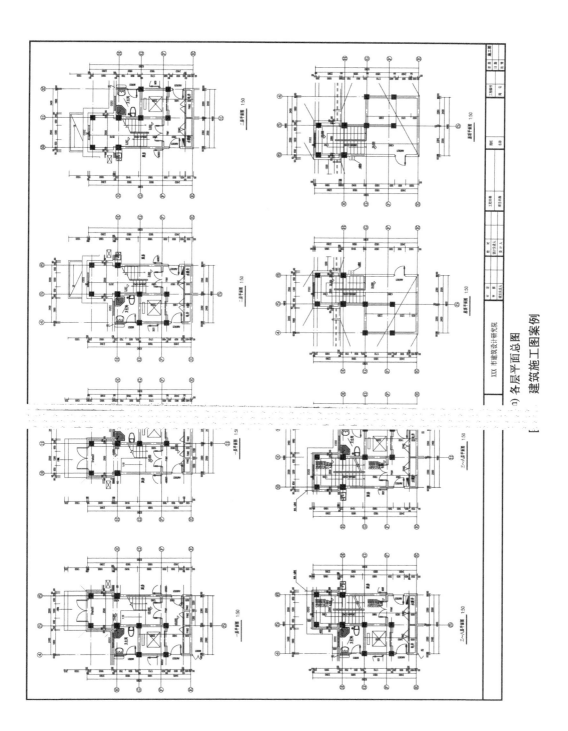

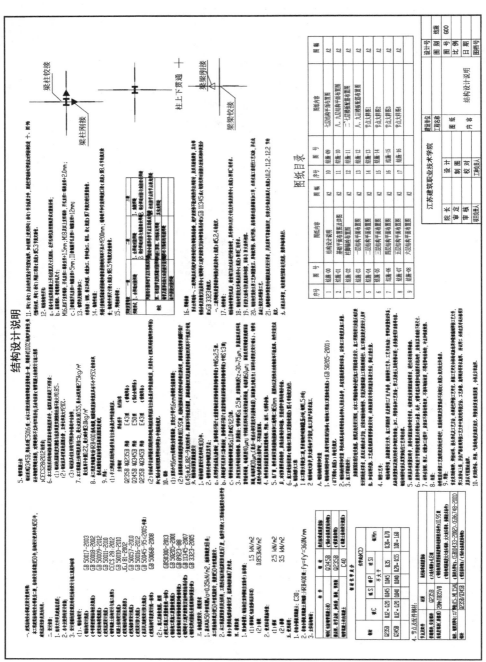

(a) 结构设计说明

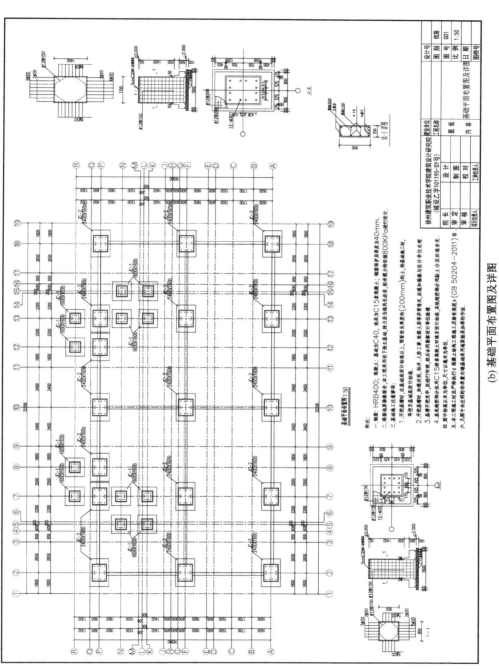

(b) 基础平面布置图及详图

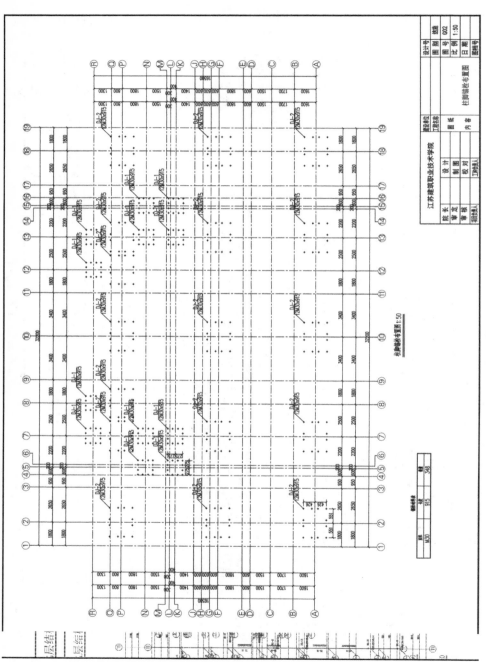

(c) 柱脚锚栓布置图

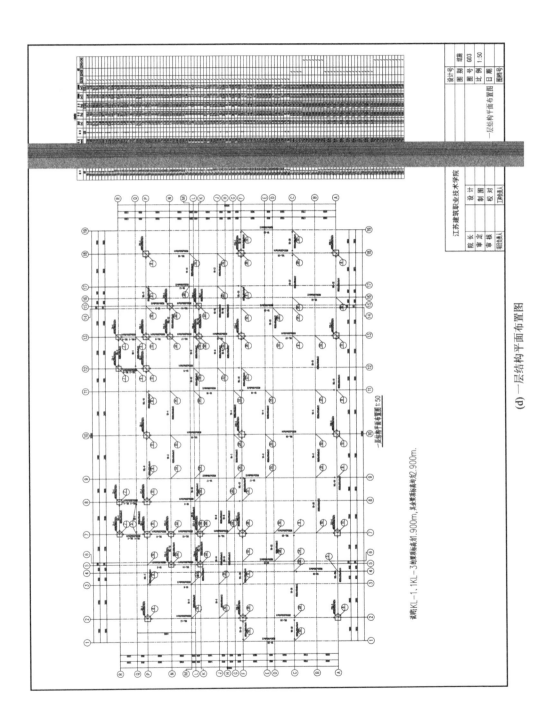

(d) 一层结构平面布置图

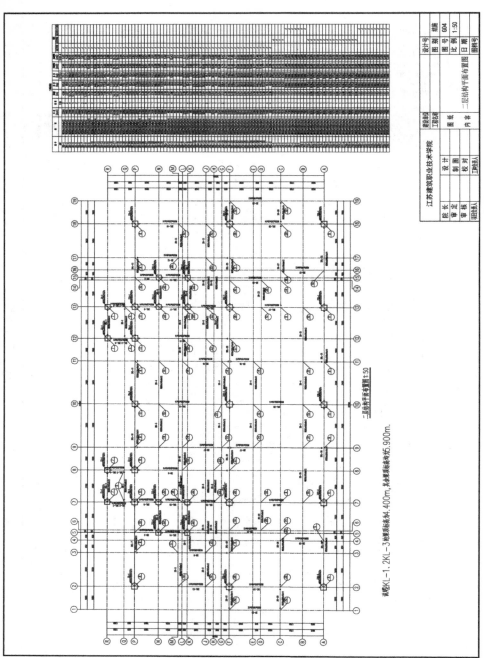

(e) 二层结构平面布置图

(f) 三层结构平面布置图

(g) 四层结构平面布置图

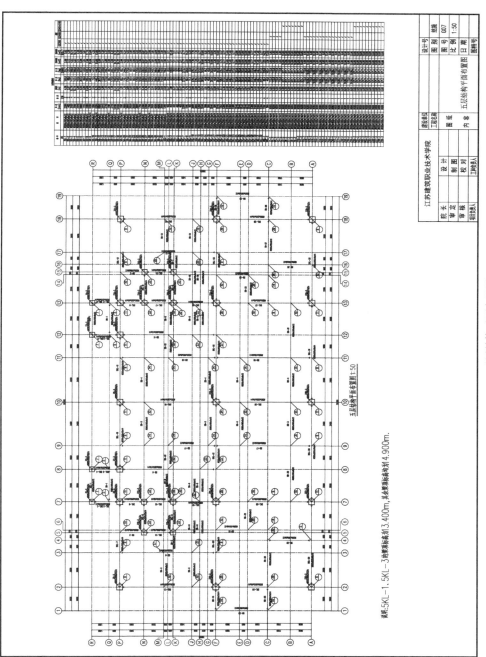

五层结构平面布置图 1:50

注1.5KL-1,5KL-3的梁顶标高降低3.400m,其余梁顶标高均为4.900m.

(h) 五层结构平面布置图

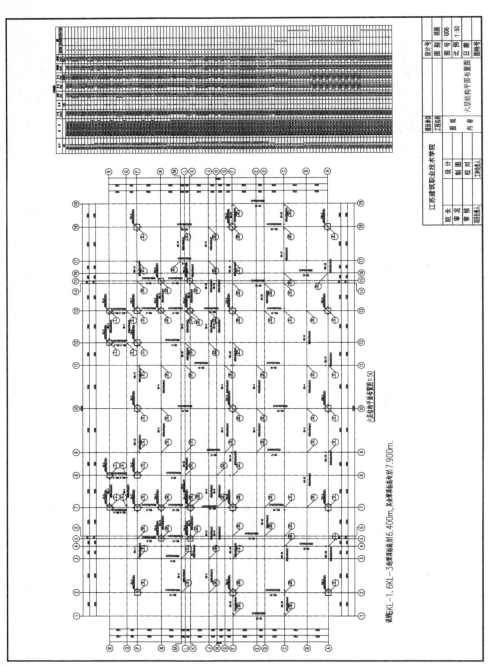

注:框架KL-1、6KL-3的梁顶标高为6.400m,其余梁顶标高为7.900m.

(i) 六层结构平面布置图

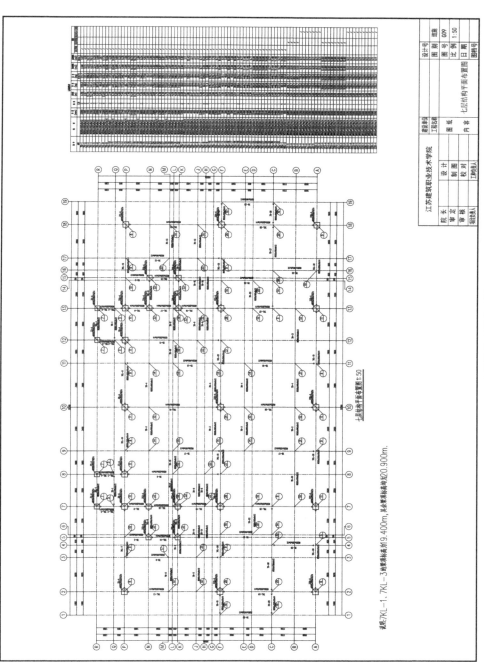

(j) 七层结构平面布置图

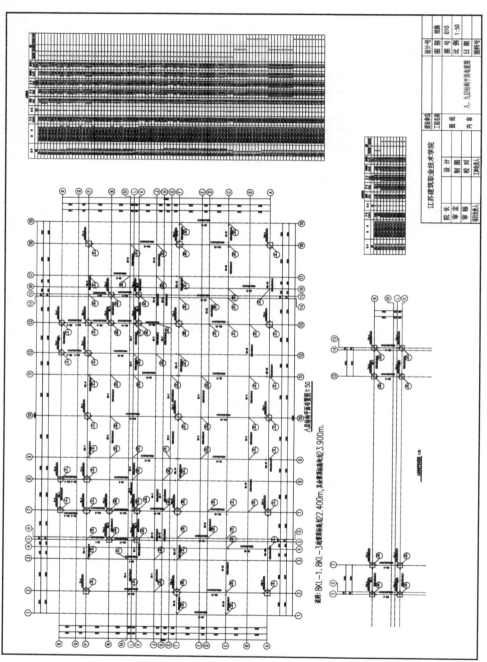

（k）八、九层结构平面布置图

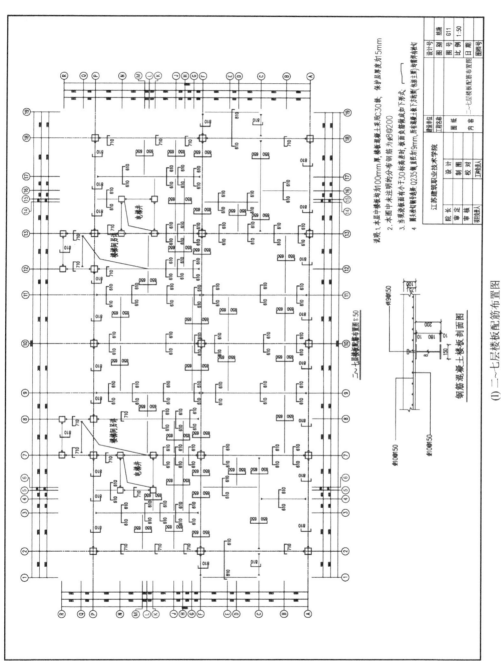

(1) 二～七层楼板配筋布置图

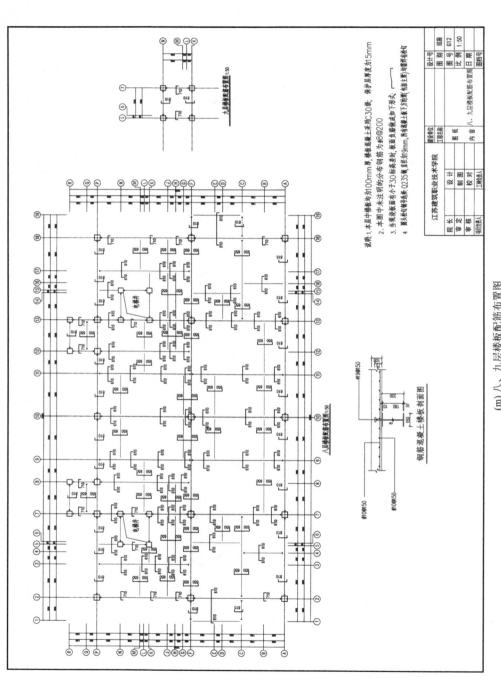

说明：1. 本层中楼板均为100mm厚，楼板混凝土采用C30级，保护层厚度为15mm。

2. 本图中未注明的分布钢筋为 φ8@200。

3. 当现浇板面有不大于30标高差时，板面负筋放设为下弯式。

4. 圆头钢带导线杆：Q235级，直径为9mm，所有混凝土板下均配置主筋，包括主筋均需要布设结构。

（m）八、九层楼板配筋布置图

钢筋混凝土楼板剖面图

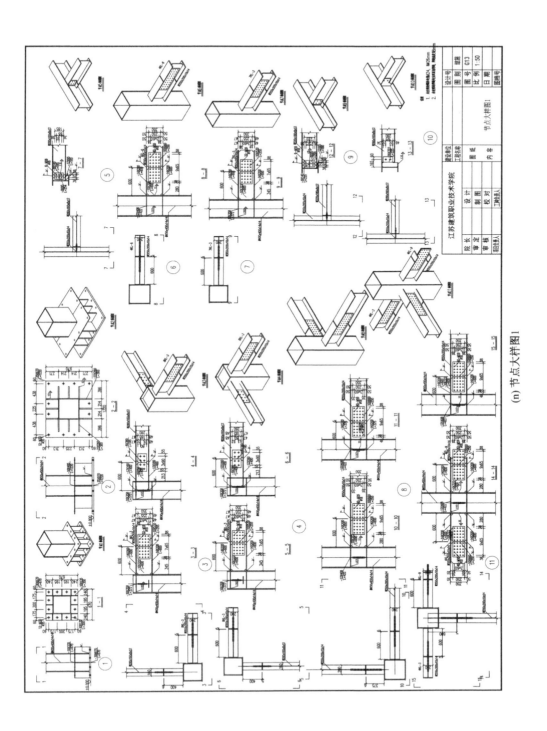

(n) 节点大样图1

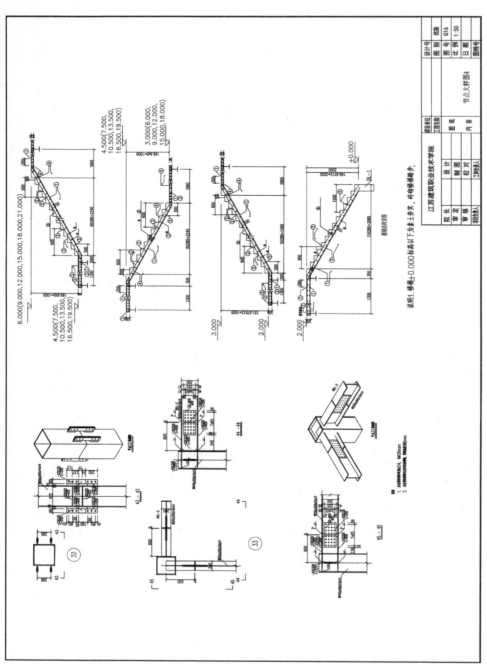

(o) 节点大样图4

图5.2 结构施工图

5.2 节能外挂墙板节能效果分析

5.2.1 建模与参数选取

针对 5.1 节所设计的木塑节能外挂墙板的建筑结构,使用清华斯维尔节能软件 BECS 进行节能设计计算与分析,主要针对木塑节能外挂墙板在我国寒冷地区、夏热冬冷地区和夏热冬暖地区 3 类地区的适用性及其是否能够满足节能要求进行分析,同时分析钢结构建筑物的节能能效情况。节能模型、门窗信息和材料信息分别见图 5.3、图 5.4 和图 5.5。

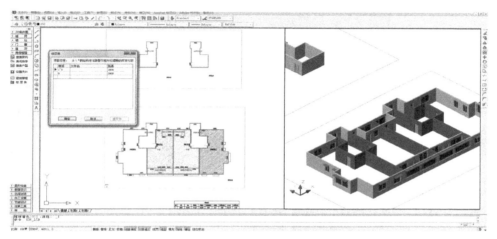

图 5.3 节能模型

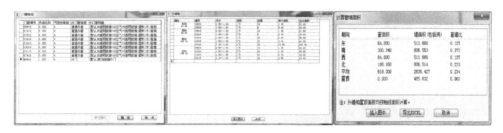

图 5.4 门窗信息

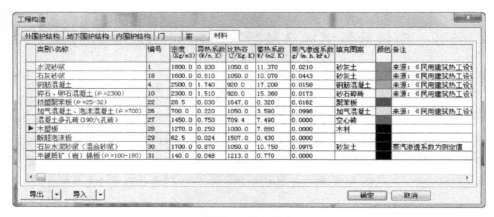

图 5.5　材料信息

5.2.2　寒冷地区

1. 居住建筑—规定性指标报告

1）建筑概况

工程名称	徐州某钢结构建筑	
工程地点	江苏省徐州市	
地理位置	北纬：34.26°	东经：117.20°
建筑面积	地上 3 869 m²	地下 0 m²
建筑层数	地上 9	地下 0
建筑高度	地上 27.0 m	地下 0.0 m
建筑（节能计算）体积	11 607.15 m³	
建筑（节能计算）外表面积	3 132.95 m²	
北向角度	90°	
结构类型		
外墙太阳辐射吸收系数	0.75	
屋顶太阳辐射吸收系数	0.75	

2）设计依据

（1）《江苏省居住建筑热环境和节能设计标准》（DGJ32/J 71—2014）

（2）《民用建筑热工设计规范》（GB 50176—2016）

（3）《夏热冬冷地区居住建筑节能设计标准》（JGJ 134—2010）

（4）《江苏省民用建筑工程施工图设计文件（节能专篇）编制深度规定》

（2009 年版）

（5）《建筑外门窗气密、水密、抗风压性能分级及检测方法》（GB/T 7106—2008）

（6）《建筑外窗气密性能分级及其检测方法》（GB/T 7107—2002）

3）工程材料

材料名称	编号	导热系数 λ/ (W·m⁻²·K⁻¹)	蓄热系数 S/ (W·m⁻²·K⁻¹)	密度 ρ/ (kg·m⁻³)	比热容 C_p/ (J·kg⁻¹·K⁻¹)	备注
水泥砂浆	1	0.930	11.370	1 800.00	1 050.0	
石灰砂浆	18	0.810	10.070	1 600.00	1 050.0	
钢筋混凝土	4	1.740	17.200	2 500.00	920.0	
碎石、卵石混凝土（ρ=2 300 kg/m³）	10	1.510	15.360	2 300.00	920.0	
挤塑聚苯板（ρ=25～32 kg/m³）	22	0.030	0.320	28.5	1 647.0	来源：《民用建筑热工设计规范（GB 50176—2016）》
加气混凝土、泡沫混凝土（ρ=700 kg/m³）	26	0.220	3.590	700.00	1 050.0	
木塑板	28	0.250	7.880	1 270.0	1 000.0	
酚醛泡沫板	29	0.024	0.430	62.5	1 507.0	
半硬质矿（岩）棉板（ρ=100～180 kg/m³）	31	0.048	0.770	140.0	1 213.0	

4）围护结构做法简要说明

（1）屋顶构造：屋顶构造一（由外到内）

碎石、卵石混凝土（ρ=2 300 kg/m³）40 mm＋挤塑聚苯板（ρ=25～32 kg/m³）60 mm＋水泥砂浆 20 mm＋加气混凝土、泡沫混凝土（ρ=700 kg/m³）80 mm＋钢筋混凝土120 mm＋石灰砂浆 20 mm。

（2）外墙构造：外墙构造一（由外到内）

木塑板 15 mm 厚＋酚醛泡沫 30 mm 厚＋内木塑板 10 mm 厚＋酚醛泡沫 69 mm 厚＋内木塑板 10 mm 厚＋酚醛泡沫 30 mm 厚＋木塑板 15 mm。

（3）采暖与非采暖楼板：控温与非控温楼板构造一

水泥砂浆 20 mm＋挤塑聚苯板（$\rho=25\sim32$ kg/m³）40 mm＋钢筋混凝土 120 mm＋石灰砂浆 20 mm。

（4）外窗构造：6 mm 透明玻璃＋16 mm 空气＋6 mm 透明玻璃一塑料（木）窗框。

传热系数 2.600 W/(m²·K)，自身遮阳系数 0.650。

（5）分户墙：户间隔墙构造一

木塑板 15 mm＋酚醛泡沫板 150 mm＋木塑板 15 mm。

（6）分户楼板：控温房间楼板构造一

水泥砂浆 20 mm＋挤塑聚苯板（$\rho=25\sim32$ kg/m³）40 mm＋钢筋混凝土 120 mm＋石灰砂浆 20 mm。

5）体形系数

外表面积/m²	3 132.95
建筑体积/m³	1 1607.15
体形系数	0.27
标准依据	《江苏省居住建筑热环境和节能设计标准》(DGJ32/J 71—2014)第 5.1.1 条
标准要求	1～3 层≤0.52；4～5 层≤0.38；6～8 层≤0.33；9～11 层≤0.30；12 层及 12 层以上≤0.26
结论	满足

6）窗墙比

朝向	窗面积/m²	墙面积/m²	窗墙比	限值	结论
南向	300.24	806.55	0.37	0.45	满足
北向	188.16	806.51	0.23	0.45	满足
东向	64.80	511.68	0.13	0.45	满足
西向	64.80	511.68	0.13	0.45	满足
标准依据	《江苏省居住建筑热环境和节能设计标准》(DGJ32/J 71—2014)第 5.4.1 条				
标准要求	各朝向窗墙比应符合第 5.4.1 条的规定				
结论	满足				

7) 屋顶构造

材料名称 （由外到内）	厚度 $\delta/$ mm	导热系数 $\lambda/$ $(W \cdot m^{-2} \cdot K^{-1})$	蓄热系数 $S/$ $(W \cdot m^{-2} \cdot K^{-1})$	修正系数 α	热阻 $R/$ $(m^2 \cdot K \cdot W^{-1})$	热惰性指标 $D=RS$
碎石、卵石混凝土 （$\rho=2\,300$ kg/m³）	40	1.510	15.360	1.00	0.026	0.407
挤塑聚苯板（$\rho=$ $25\sim32$ kg/m³）	60	0.030	0.320	1.20	1.667	0.640
水泥砂浆	20	0.930	11.370	1.00	0.022	0.245
加气混凝土、泡沫混凝土 （$\rho=700$ kg/m³）	80	0.220	3.590	1.00	0.364	1.305
钢筋混凝土	120	1.740	17.200	1.00	0.069	1.186
石灰砂浆	20	0.810	10.070	1.00	0.025	0.249
各层之和 $\sum$	340				2.172	4.032
传热阻 $=$ $0.15+\sum R$		2.322				
标准依据		《江苏省居住建筑热环境和节能设计标准》(DGJ32/J 71—2014)第5.2.1条				
标准要求		屋面传热阻值应满足第5.2.1条规定($R\geqslant2.000$ 且 $D\geqslant2.50$)				
结论		满足				

8) 外墙构造

材料名称	厚度 $\delta/$ mm	导热系数 $\lambda/$ $(W \cdot m^{-2} \cdot K^{-1})$	蓄热系数 $S/$ $(W \cdot m^{-2} \cdot K^{-1})$	修正系数 α	热阻 $R/$ $(m^2 \cdot K \cdot W^{-1})$	热惰性指标 $D=RS$
木塑板	15	0.250	7.880	1.00	0.060	0.473
酚醛树脂保温板	30	0.024	0.430	1.00	1.250	0.538
木塑板	10	0.250	7.880	1.00	0.040	0.315
酚醛树脂保温板	70	0.024	0.430	1.00	2.917	1.254
木塑板	10	0.250	7.880	1.00	0.040	0.315

材料名称	厚度 δ/mm	导热系数 λ/(W·m⁻²·K⁻¹)	蓄热系数 S/(W·m⁻²·K⁻¹)	修正系数 α	热阻 R/(m²·K·W⁻¹)	热惰性指标 D=RS
酚醛树脂保温板	30	0.024	0.430	1.00	1.250	0.538
木塑板	15	0.250	7.880	1.00	0.060	0.473
各层之和 $\sum$	180				6.370	3.905
传热阻 = $0.15 + \sum R$	6.520					

9) 各朝向外墙传热阻

检查项	计算值	标准要求	结论
南向热惰性指标	$D_S = 3.63$	$D_S > 1.60$	满足
东向热惰性指标	$D_E = 3.63$	$D_E > 1.60$	满足
西向热惰性指标	$D_W = 3.63$	$D_W > 1.60$	满足
北向热惰性指标	$D_N = 3.63$	$D_N > 1.60$	满足
南向传热阻	$R_S = 6.536$	$R_S \geq 0.800$	满足
东向传热阻	$R_E = 6.536$	$R_E \geq 0.800$	满足
西向传热阻	$R_W = 6.536$	$R_W \geq 0.800$	满足
北向传热阻	$R_N = 6.536$	$R_N \geq 0.960$	满足
标准依据	《江苏省居住建筑热环境和节能设计标准》(DGJ32/J 71—2014)第5.3.1条		
标准要求	外墙传热阻值应满足第5.3.1—5.3.2条规定		
结论	满足		

10) 采暖与非采暖楼板

控温与非控温楼板构造一

材料名称	厚度 δ/mm	导热系数 λ/(W·m⁻²·K⁻¹)	蓄热系数 S/(W·m⁻²·K⁻¹)	修正系数 α	热阻 R/(m²·K·W⁻¹)	热惰性指标 D=RS
水泥砂浆	20	0.930	11.370	1.00	0.022	0.245
挤塑聚苯板(ρ=25~32 kg/m³)	40	0.030	0.320	1.00	1.333	0.427

续表

材料名称	厚度 δ/mm	导热系数 λ/(W·m⁻²·K⁻¹)	蓄热系数 S/(W·m⁻²·K⁻¹)	修正系数 α	热阻 R/(m²·K·W⁻¹)	热惰性指标 D=RS
钢筋混凝土	120	1.740	17.200	1.00	0.069	1.186
石灰砂浆	20	0.810	10.070	1.00	0.025	0.249
各层之和 $\sum$	200				1.448	2.106
传热阻 = 0.22 + $\sum R$	1.67					
标准依据	《江苏省居住建筑热环境和节能设计标准》(DGJ32/J 71—2014)第5.3.1条					
标准要求	ⓐ采暖空调空间与非采暖空调空间楼板的传热阻应符合表5.3.1—2规定(R≥0.86)					
结论	满足					

11) 外窗热工

（1）外窗构造

序号	构造名称	构造编号	传热系数	自遮阳系数	可见光透射比	备注
1	6 mm 透明玻璃＋16 mm 空气＋6 mm 透明玻璃—塑料（木）窗框	18	2.60	0.65	0.800	

（2）外遮阳类型

① 平板遮阳

如图 5.6 所示。

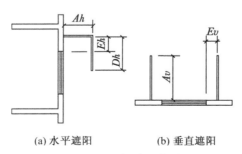

(a) 水平遮阳　　　(b) 垂直遮阳

图 5.6　平板遮阳类型

序号	编号	水平挑出 Ah/m	距离上沿 Eh/m	垂直挑出 Av/m	距离边沿 Ev/m	挡板高 Dh/m	挡板构造透射比 η*	是否活动遮阳
1	平板遮阳0	0.500	0.000	0.000	0.000	0.000	0.000	否

② 平均遮阳系数

南向

序号	门窗编号	楼层	数量	单个面积/m²	总面积/m²	构造编号	自遮阳系数	外遮阳编号	夏季外遮阳系数	夏季综合遮阳系数
1	C1515	1～8	16	2.250	36.000	18	1.000	平板遮阳0	0.740	0.740
2	C1818	1～8	16	3.240	51.840	18	1.000	平板遮阳0	0.774	0.774
3	C7418	1～8	16	13.275	212.400	18	1.000	平板遮阳0	0.774	0.774
朝向总面积/m²					300.240	朝向综合遮阳系数			0.770	0.770

北向

序号	门窗编号	楼层	数量	单个面积/m²	总面积/m²	构造编号	自遮阳系数	外遮阳编号	夏季外遮阳系数	夏季综合遮阳系数
1	C0915	1～8	16	1.350	21.600	18	0.650		1.000	0.650
2	C1212	1～9	34	1.440	48.960	18	0.650		1.000	0.650
3	C1818	1～8	16	2.700	43.200	18	0.650		1.000	0.650
4	C3115	1～8	16	4.650	74.400	18	0.650		1.000	0.650
朝向总面积/m²					188.160	朝向综合遮阳系数			1.000	0.650

东向

序号	门窗编号	楼层	数量	单个面积/m²	总面积/m²	构造编号	自遮阳系数	外遮阳编号	夏季外遮阳系数	夏季综合遮阳系数
1	C0915	1～8	16	1.350	21.600	18	0.650	平板遮阳0	0.786	0.511
2	C3018	1～8	8	5.400	43.200	18	0.650	平板遮阳0	0.816	0.530
朝向总面积/m²					64.800	朝向综合遮阳系数			0.806	0.524

西向

序号	门窗编号	楼层	数量	单个面积/m²	总面积/m²	构造编号	自遮阳系数	外遮阳编号	夏季外遮阳系数	夏季综合遮阳系数
1	C0915	1~8	16	1.350	21.600	18	0.650	平板遮阳 0	0.779	0.506
2	C3018	1~8	8	5.400	43.200	18	0.650	平板遮阳 0	0.810	0.527
朝向总面积/m²					64.800	朝向综合遮阳系数			0.800	0.520

平均遮阳系数：

$$S_W = \frac{b_E \cdot A_E \cdot S_{W \cdot E} + b_S \cdot A_S \cdot S_{W \cdot S} + b_W \cdot A_W \cdot S_{W \cdot W} + b_N \cdot A_N \cdot S_{W \cdot N}}{b_E \cdot A_E + b_S \cdot A_S + b_W \cdot A_W + b_N \cdot A_N}$$

朝向	面积/m²	权重系数 b	夏季遮阳系数
南向	300.240	1.00	0.770
北向	188.160	1.00	0.650
东向	64.800	1.00	0.524
西向	64.800	1.00	0.520
整个建筑平均遮阳系数			0.681

③ 各朝向外窗传热系数

检查项	计算值	标准要求	结论
东向传热系数	$k_E = 2.60$	$k_E \leqslant 3.00$	满足
西向传热系数	$k_W = 2.60$	$k_W \leqslant 3.00$	满足
南向传热系数	$k_S = 2.60$	$k_S \leqslant 2.60$	满足
北向传热系数	$k_N = 2.60$	$k_N \leqslant 2.60$	满足
东向夏季综合遮阳系数	$S_E = 0.52$	$S_E \leqslant 0.60$	满足
西向夏季综合遮阳系数	$S_W = 0.52$	$S_W \leqslant 0.60$	满足
南向夏季综合遮阳系数	$S_S = 0.77$	$S_S \leqslant 0.70$	不满足
北向夏季综合遮阳系数	$S_N = 0.65$	$S_N \leqslant 1.00$	满足
标准依据	《江苏省居住建筑热环境和节能设计标准》(DGJ32/J 71—2014)第5.4.1条		
标准要求	外窗的应符合第5.4.1条的要求。		
结论	不满足		

12) 分户墙

户间隔墙构造一

材料名称 （由外到内）	厚度 δ/ mm	导热系数 λ/ $(W \cdot m^{-2} \cdot K^{-1})$	蓄热系数 S/ $(W \cdot m^{-2} \cdot K^{-1})$	修正系数 α	热阻 R/ $(m^2 \cdot K \cdot W^{-1})$	热惰性指标 $D=RS$
木塑板	15	0.250	7.880	1.00	0.060	0.473
酚醛泡沫板	150	0.024	0.430	1.00	6.250	2.688
木塑板	15	0.250	7.880	1.00	0.060	0.473
各层之和 $\sum$	180				6.370	3.633
传热阻 $=0.22+\sum R$	6.590					

13) 分户楼板

控温房间楼板构造一

材料名称	厚度 δ/ mm	导热系数 λ/ $(W \cdot m^{-2} \cdot K^{-1})$	蓄热系数 S/ $(W \cdot m^{-2} \cdot K^{-1})$	修正系数 α	热阻 R/ $(m^2 \cdot K \cdot W^{-1})$	热惰性指标 $D=RS$
水泥砂浆	20	0.930	11.370	1.00	0.022	
挤塑聚苯板($\rho=25\sim32\ kg/m^3$)	40	0.030	0.320	1.00	1.333	
钢筋混凝土	120	1.740	17.200	1.00	0.069	
石灰砂浆	20	0.810	10.070	1.00	0.025	
各层之和 $\sum$	200				1.448	
传热阻 $=0.22+\sum R$	1.668					
标准依据	《江苏省居住建筑热环境和节能设计标准》(DGJ32/J 71—2014)第5.5.1条					
标准要求	$R \geqslant 0.67$					
结论	满足					

14) 外窗气密性

层数	1~6层	7层及7层以上
最不利气密性等级		
外窗气密性措施		
标准依据	《江苏省居住建筑热环境和节能设计标准》(DGJ32/J 71—2014)第5.4.4条,分级与检测方法《建筑外门窗气密、水密、抗风压性能分级及检测方法》(GB/T 7106—2008)	
标准要求	寒冷地区建筑物的外窗及阳台门的气密性不应低于《建筑外门窗气密、水密、抗风压性能分级及检测方法》(GB/T 7106—2008)的6级,即《建筑外窗气密性能分级及检测方法》(GB/T 7107—2002)的4级	
结论		

15) 规定性指标检查结论

序号	检 查 项	结论	可否性能权衡
1	体形系数	满足	
2	窗墙比	满足	
3	屋顶构造	满足	
4	各朝向外墙传热阻	满足	
5	采暖与非采暖楼板	满足	
6	外窗热工	不满足	可
7	分户墙	满足	
8	分户楼板	满足	
9	分户楼板	满足	
10	外窗气密性	满足	
结论		不满足	可

说明:本工程规定性指标设计不满足要求,需依据《江苏省居住建筑热环境和节能设计标准》第6节的相关要求,进行节能性能性指标设计和建筑物节能综合指标的判断。

2. 居住建筑—综合权衡报告

1）建筑概况

工程名称	徐州某钢结构建筑	
工程地点	江苏省徐州市	
地理位置	北纬：34.26°	东经：117.20°
建筑面积	地上 3 869 m²	地下 0 m²
建筑层数	地上 9	地下 0
建筑高度	地上 27.0 m	地下 0.0 m
建筑（节能计算）体积	11 607.15 m³	
建筑（节能计算）外表面积	3 132.95 m²	
北向角度	90°	
结构类型		
外墙太阳辐射吸收系数	0.75	
屋顶太阳辐射吸收系数	0.75	

2）设计依据

（1）《江苏省居住建筑热环境和节能设计标准》（DGJ32/J 71—2014）

（2）《民用建筑热工设计规范》（GB 50176—2016）

（3）《夏热冬冷地区居住建筑节能设计标准》（JGJ 134—2010）

（4）《江苏省民用建筑工程施工图设计文件（节能专篇）编制深度规定》（2009 年版）

（5）《建筑外门窗气密、水密、抗风压性能分级及检测方法》（GB/T 7106—2008）

（6）《建筑外窗气密性能分级及其检测方法》（GB/T 7107—2002）

3）工程材料

材料名称	编号	导热系数 λ/(W·m⁻²·K⁻¹)	蓄热系数 S/(W·m⁻²·K⁻¹)	密度 ρ/(kg·m⁻³)	比热容 Cₚ/(J·kg⁻¹·K⁻¹)	蒸汽渗透系数 μ/(g·m⁻¹·h⁻¹·kPa⁻¹)	备注
水泥砂浆	1	0.930	11.370	1 800.0	1 050.0	0.021 0	来源：《民用建筑热工设计规范》（GB 50176—2016）
石灰砂浆	18	0.810	10.070	1 600.0	1 050.0	0.044 3	
钢筋混凝土	4	1.740	17.200	2 500.0	920.0	0.015 8	

续表

材料名称	编号	导热系数 λ/ (W·m⁻²· K⁻¹)	蓄热系数 S/ (W·m⁻²· K⁻¹)	密度 ρ/ (kg· m⁻³)	比热容 Cₚ/ (J·kg⁻¹· K⁻¹)	蒸汽渗透系数 μ/(g· m⁻¹·h⁻¹· kPa⁻¹)	备注
碎石、卵石混凝土(ρ= 2 300 kg/m³)	10	1.510	15.360	2 300.0	920.0	0.017 3	
挤塑聚苯板(ρ=25~ 32 kg/m³)	22	0.030	0.320	28.5	1 647.0	0.016 2	
加气混凝土、泡沫混凝土(ρ= 700 kg/m³)	26	0.220	3.590	700.0	1 050.0	0.099 8	来源:《民用建筑热工设计规范》(GB 50176—2016)
木塑板	28	0.250	7.880	1 270.0	1 000.0	0.000 0	
酚醛泡沫板	29	0.024	0.430	62.5	1 507.0	0.000 0	
半硬质矿(岩)棉板 (ρ=100~ 180 kg/m³)	31	0.048	0.770	140.0	1 213.0	0.000 0	

4)围护结构做法简要说明

(1)屋顶构造:屋顶构造一(由外到内)

碎石、卵石混凝土(ρ=2 300 kg/m³)40 mm+挤塑聚苯板(ρ=25~32 kg/m³) 60 mm+水泥砂浆 20 mm+加气混凝土、泡沫混凝土(ρ=700 kg/m³)80 mm+钢筋混凝土120 mm+石灰砂浆 20 mm。

(2)外墙构造:外墙构造一(由外到内)

木塑板 15 mm 厚+酚醛泡沫 30 mm 厚+内木塑板 10 mm 厚+酚醛泡沫 69 mm 厚+内木塑板 10 mm 厚+酚醛泡沫 30 mm 厚+木塑板 15 mm。

(3)采暖与非采暖楼板:控温与非控温楼板构造一

水泥砂浆 20 mm+挤塑聚苯板(ρ=25~32 kg/m³)40 mm+钢筋混凝土 120 mm+石灰砂浆 20 mm。

(4)分户墙:户间隔墙构造一

木塑板 15 mm+酚醛泡沫板 150 mm+木塑板 15 mm。

(5)分户楼板:控温房间楼板构造一

水泥砂浆 20 mm+挤塑聚苯板(ρ=25~32 kg/m³)40 mm+钢筋混凝土

120 mm＋石灰砂浆 20 mm。

（6）外窗构造：6 mm 透明玻璃＋16 mm 空气＋6 mm 透明玻璃一塑料（木）窗框

传热系数 2.600 W/(m² · K)，自身遮阳系数 0.650。

5）体形系数

外表面积/m²	建筑体积/m³	体型系数	建筑形状
3 132.95	11 607.15	0.27	条状

6）窗墙比

朝向	窗面积/m²	墙面积/m²	窗墙比
南向	300.24	806.55	0.37
北向	188.16	806.51	0.23
东向	64.80	511.68	0.13
西向	64.80	511.68	0.13

7）屋顶构造

屋顶构造一

材料名称 （由外到内）	厚度 δ/mm	导热系数 λ/(W·m⁻²·K⁻¹)	蓄热系数 S/(W·m⁻²·K⁻¹)	修正系数 α	热阻 R/(m²·K·W⁻¹)	热惰性指标 $D=RS$
碎石、卵石混凝土（$\rho=2\,300$ kg/m³）	40	1.510	15.360	1.00	0.026	0.407
挤塑聚苯板（$\rho=25\sim32$ kg/m³）	60	0.030	0.320	1.20	1.667	0.640
水泥砂浆	20	0.930	11.370	1.00	0.022	0.245
加气混凝土、泡沫混凝土（$\rho=700$ kg/m³）	80	0.220	3.590	1.00	0.364	1.305
钢筋混凝土	120	1.740	17.200	1.00	0.069	1.186
石灰砂浆	20	0.810	10.070	1.00	0.025	0.249
各层之和 $\sum$	340				2.172	4.032
传热阻 = $0.15+\sum R$	2.322					

8）外墙构造

外墙构造一

材料名称	厚度 δ/mm	导热系数 λ/（$W \cdot m^{-2} \cdot K^{-1}$）	蓄热系数 S/（$W \cdot m^{-2} \cdot K^{-1}$）	修正系数 α	热阻 R/（$m^2 \cdot K \cdot W^{-1}$）	热惰性指标 $D=RS$
木塑板	15	0.250	7.880	1.00	0.060	0.473
酚醛树脂保温板	30	0.024	0.430	1.00	1.250	0.538
木塑板	10	0.250	7.880	1.00	0.040	0.315
酚醛树脂保温板	70	0.024	0.430	1.00	2.917	1.254
木塑板	10	0.250	7.880	1.00	0.040	0.315
酚醛树脂保温板	30	0.024	0.430	1.00	1.250	0.538
木塑板	15	0.250	7.880	1.00	0.060	0.473
各层之和 $\sum$	180				6.370	3.905
传热阻 = $0.15 + \sum R$	6.520					

9）采暖与非采暖楼板

控温与非控温楼板构造一

材料名称	厚度 δ/mm	导热系数 λ/（$W \cdot m^{-2} \cdot K^{-1}$）	蓄热系数 S/（$W \cdot m^{-2} \cdot K^{-1}$）	修正系数 α	热阻 R/（$m^2 \cdot K \cdot W^{-1}$）	热惰性指标 $D=RS$
水泥砂浆	20	0.930	11.370	1.00	0.022	0.245
挤塑聚苯板（$\rho=25 \sim 32$ kg/m³）	40	0.030	0.320	1.00	1.333	0.427
钢筋混凝土	120	1.740	17.200	1.00	0.069	1.186
石灰砂浆	20	0.810	10.070	1.00	0.025	0.249
各层之和 $\sum$	200				1.448	2.106
传热阻 = $0.22 + \sum R$	1.67					

10) 分户墙

户间隔墙构造一

材料名称	厚度 δ/mm	导热系数 λ/(W·m⁻²·K⁻¹)	蓄热系数 S/(W·m⁻²·K⁻¹)	修正系数 α	热阻 R/(m²·K·W⁻¹)	热惰性指标 D=RS
木塑板	15	0.250	7.880	1.00	0.060	
酚醛泡沫板	90	0.024	0.430	1.00	3.750	
木塑板	15	0.250	7.880	1.00	0.060	
各层之和 $\sum$	120				3.870	
传热阻 = $0.22 + \sum R$	4.090					
标准依据	《江苏省居住建筑热环境和节能设计标准》(DGJ32/J 71—2014)第 5.5.1 条					
标准要求	R≥0.5					
结论	满足					

11) 分户楼板

控温房间楼板构造一

材料名称	厚度 δ/mm	导热系数 λ/(W·m⁻¹·K⁻¹)	蓄热系数 S/(W·m⁻²·K⁻¹)	修正系数 α	热阻 R/(m²·K·W⁻¹)	热惰性指标 D=RS
水泥砂浆	20	0.930	11.370	1.00	0.022	
挤塑聚苯板(ρ=25～32 kg/m³)	40	0.030	0.320	1.00	1.333	
钢筋混凝土	120	1.740	17.200	1.00	0.069	
石灰砂浆	20	0.810	10.070	1.00	0.025	
各层之和 $\sum$	200				1.448	
传热阻 = $0.22 + \sum R$	1.668					

体形系数超标时,屋面热阻、墙体热阻、窗户隔热系数应达标。

标准依据	《江苏省居住建筑热环境和节能设计标准》(DGJ32/J 71—2014)第 6.0.2-1 条
标准要求	进行性能性指标设计时,因体形系数超标时,屋面、墙体、窗户的传热阻或传热系数、热惰性指标应满足相近体形系数达标时规定性指标的要求
结论	满足

窗墙比超标时,屋面热阻、墙体热阻、窗户隔热系数应达标。

标准依据	《江苏省居住建筑热环境和节能设计标准》(DGJ32/J 71—2014)第 6.0.2-2 条
标准要求	进行性能性指标设计时,因窗墙面积比超标时,屋面和墙体的传热阻、热惰性指标应满足规定性指标的要求,窗户的传热系数应满足相近窗墙面积比达标时规定性指标的要求
结论	满足

外窗隔热系数超标时,屋面热阻和墙体热阻应达标。

标准依据	《江苏省居住建筑热环境和节能设计标准》(DGJ32/J 71—2014)第 6.0.2-3 条
标准要求	进行性能性指标设计时,因窗传热系数超标时,屋面和窗的传热阻、热惰性指标应满足规定性指标的要求
结论	满足

外墙热阻超标时,屋面热阻和外窗隔热系数应达标。

标准依据	《江苏省居住建筑热环境和节能设计标准》(DGJ32/J 71—2014)第 6.0.2-4 条
标准要求	进行性能性指标设计时,因外墙传热阻超标时,屋面和窗的传热阻或传热系数应满足规定性指标的要求
结论	满足

窗的遮阳超标时,屋面热阻、墙体热阻、窗隔热系数应达标。

标准依据	《江苏省居住建筑热环境和节能设计标准》(DGJ32/J 71—2014)第 6.0.2-5 条
标准要求	进行性能性指标设计时,因窗的遮阳超标时,屋面、墙和窗的传热系数或传热阻、居住建筑的热惰性指标应满足规定性指标的要求。
结论	满足

分户楼板、隔墙或采暖空调与非采暖空调区间构件不达标时,外围护结构的传热系数或传热阻应满足规定性指标的要求。

标准依据	《江苏省民用建筑工程施工图设计文件(节能专篇)编制深度规定》(2009年版)第 2.3.3-6 条
标准要求	当因分户楼板、隔墙或因采暖空调与非采暖空调区间构件不达标而进行性能性指标设计时,外围护结构的传热系数或传热阻、居住建筑的热惰性指标应满足规定性指标的要求
结论	满足

屋面热阻不得超标。

标准依据	《江苏省居住建筑热环境和节能设计标准》(DGJ32/J 71—2014)第 6.0.2-6 条
标准要求	屋面的传热阻超标时,不得进行性能性指标设计。即进行性能性指标设计时,屋面的传热阻不得超标
结论	满足

窗和外墙的传热系数或传热阻不得同时超标。

标准依据	《江苏省民用建筑工程施工图设计文件(节能专篇)编制深度规定》(2009年版)第 2.3.3-7-2 条
标准要求	窗和外墙的传热系数或传热阻同时不达标时,不得进行性能性指标设计。即进行性能性指标设计时,窗和外墙的传热系数或传热阻不得同时超标
结论	满足

窗的遮阳和传热系数不得同时超标。

标准依据	《江苏省民用建筑工程施工图设计文件(节能专篇)编制深度规定》(2009年版)第 2.3.3-7-3 条
标准要求	窗的遮阳和传热系数同时不达标时,不得进行性能性指标设计。即进行性能性指标设计时,窗的遮阳和传热系数不得同时超标
结论	满足

南向外窗应设置外遮阳设施。

标准依据	《江苏省民用建筑工程施工图设计文件(节能专篇)编制深度规定》(2009年版)第 2.3.3-7-4 条
标准要求	居住建筑南向外窗不设置外遮阳设施时,不得进行性能性指标设计。即进行性能性指标设计时,南向外窗应设置外遮阳设施

12) 分户楼板

控温房间楼板构造一

材料名称	厚度 δ/mm	导热系数 λ/(W·m⁻²·K⁻¹)	蓄热系数 S/(W·m⁻²·K⁻¹)	修正系数 α	热阻 R/(m²·K·W⁻¹)	热惰性指标 D=RS
水泥砂浆	20	0.930	11.370	1.00	0.022	
挤塑聚苯板(ρ=25~32 kg/m³)	40	0.030	0.320	1.00	1.333	
钢筋混凝土	120	1.740	17.200	1.00	0.069	
石灰砂浆	20	0.810	10.070	1.00	0.025	
各层之和 ∑	200				1.448	
传热阻 = 0.22 + ∑R	1.67					
标准依据	《江苏省居住建筑热环境和节能设计标准》(DGJ32/J 71—2014)第5.5.1条					
标准要求	R≥0.67					
结论	满足					

13) 外窗气密性

层数	1~6层	7层及7层以上
最不利气密性等级		
外窗气密性措施		
标准依据	《江苏省居住建筑热环境和节能设计标准》(DGJ32/J 71—2014)第5.4.4条,分级与检测方法《建筑外门窗气密、水密、抗风压性能分级及检测方法》(GB/T 7106—2008)	
标准要求	寒冷地区建筑物的外窗及阳台门的气密性不应低于《建筑外门窗气密、水密、抗风压性能分级及检测方法》(GB/T 7106—2008)的6级,即《建筑外窗气密性能分级及检测方法》(GB/T 7107—2002)的4级	
结论		

14）综合权衡

	设计建筑	限值
采暖空调耗电量指标/(kWh·m^{-2})	17.71	25.50
采暖耗电量指标/(kWh·m^{-2})	13.70	15.80
空调耗电量指标/(kWh·m^{-2})	4.01	9.70
采暖空调耗冷量指标/(W·m^{-2})	19.38	46.00
采暖耗热量指标/(W·m^{-2})	11.54	24.50
空调耗冷量指标/(W·m^{-2})	7.84	21.50
标准依据	《江苏省居住建筑热环境和节能设计标准》(DGJ32/J 71—2014)第3.0.2条	
标准要求	设计建筑的采暖空调耗电量不应大于给定的限值	
结论	满足	

15）结论

序号	检查项	结论
1	体形系数超标时,屋面热阻、墙体热阻、窗户隔热系数应达标	满足
2	窗墙比超标时,屋面热阻、墙体热阻、窗户隔热系数应达标	满足
3	外窗隔热系数超标时,屋面热阻和墙体热阻应达标	满足
4	外墙热阻超标时,屋面热阻和外窗隔热系数应达标	满足
5	窗的遮阳超标时,屋面热阻、墙体热阻、窗隔热系数应达标	满足
6	分户楼板、隔墙或采暖空调与非采暖空调区间构件不达标时,外围护结构的传热系数或传热阻应满足规定性指标的要求	满足
7	屋面热阻不得超标	满足
8	窗和外墙的传热系数或传热阻不得同时超标	满足
9	窗的遮阳和传热系数不得同时超标	满足
10	南向外窗应设置外遮阳设施	满足
11	各朝向外墙传热阻	满足
12	外窗热工	满足
13	分户楼板	满足
14	外窗气密性	满足
15	综合权衡	满足
结论		满足

说明：本建筑按照规定性指标进行建筑节能设计,满足《江苏省居住建筑热环境和节能设计标准》(DGJ32/J 71—2014)的要求。

节能率计算公式为

$$节能率 = 1 - \frac{实际建筑能耗}{能耗限值/(1-65\%)}$$

该工程的节能率为 $1 - 17.71/[25.5/(1-65\%)] = 75.7\%$。

5.2.3　夏热冬冷地区

1. 居住建筑—规定性指标报告

1）建筑概况

工程名称	徐州某钢结构建筑	
工程地点	江苏省苏州市	
地理位置	北纬：31.32°	东经：120.62°
建筑面积	地上 3 869 m²	地下 0 m²
建筑层数	地上 9	地下 0
建筑高度	地上 27.0 m	地下 0.0 m
建筑（节能计算）体积	11 607.15 m³	
建筑（节能计算）外表面积	3 132.95 m²	
北向角度	90°	
结构类型		
外墙太阳辐射吸收系数	0.75	
屋顶太阳辐射吸收系数	0.75	

2）设计依据

（1）《江苏省居住建筑热环境和节能设计标准》（DGJ32/J 71—2014）

（2）《民用建筑热工设计规范》（GB 50176—2016）

（3）《夏热冬冷地区居住建筑节能设计标准》（JGJ 134—2010）

（4）《江苏省民用建筑工程施工图设计文件（节能专篇）编制深度规定》（2009 年版）

（5）《建筑外门窗气密、水密、抗风压性能分级及检测方法》（GB/T 7106—2008）

（6）《建筑外窗气密性能分级及其检测方法》（GB/T 7107—2002）

3）工程材料

材料名称	编号	导热系数 λ/（W·m⁻²·K⁻¹）	蓄热系数 S/（W·m⁻²·K⁻¹）	密度 ρ/（kg·m⁻³）	比热容 C_p/（J·kg⁻¹·K⁻¹）	备注
水泥砂浆	1	0.930	11.370	1 800.00	1 050.0	
石灰砂浆	18	0.810	10.070	1 600.00	1 050.0	
钢筋混凝土	4	1.740	17.200	2 500.00	920.0	
碎石、卵石混凝土（ρ＝2 300 kg/m³）	10	1.510	15.360	2 300.00	920.0	
挤塑聚苯板（ρ＝25～32 kg/m³）	22	0.030	0.320	28.5	1 647.0	来源：《民用建筑热工设计规范》（GB 50176—2016）
加气混凝土、泡沫混凝土（ρ＝700 kg/m³）	26	0.220	3.590	700.00	1 050.0	
木塑板	28	0.250	7.880	1 270.0	1 000.0	
酚醛泡沫板	29	0.024	0.430	62.5	1 507.0	
半硬质矿（岩）棉板（ρ＝100～180 kg/m³）	31	0.048	0.770	140.0	1 213.0	

4）围护结构做法简要说明

（1）屋顶构造：屋顶构造一（由外到内）

碎石、卵石混凝土（ρ＝2 300 kg/m³）40 mm＋挤塑聚苯板（ρ＝25～32 kg/m³）60 mm＋水泥砂浆 20 mm＋加气混凝土、泡沫混凝土（ρ＝700 kg/m³）80 mm＋钢筋混凝土 120 mm＋石灰砂浆 20 mm。

（2）外墙构造（1）：外墙构造一（由外到内）

木塑板 15 mm 厚＋酚醛泡沫 30 mm 厚＋内木塑板 10 mm 厚＋酚醛泡沫 69 mm 厚＋内木塑板 10 mm 厚＋酚醛泡沫 30 mm 厚＋木塑板 15 mm。

（3）外墙构造（2）：阳台隔墙构造一（由外到内）

木塑板 15 mm 厚＋酚醛泡沫 30 mm 厚＋内木塑板 10 mm 厚＋酚醛泡沫 69 mm 厚＋内木塑板 10 mm 厚＋酚醛泡沫 30 mm 厚＋木塑板 15 mm。

（4）采暖与非采暖楼板：控温与非控温楼板构造一

水泥砂浆 20 mm＋挤塑聚苯板（ρ＝25～32 kg/m³）40 mm＋钢筋混凝土

120 mm＋石灰砂浆 20 mm。

（5）采暖与非采暖（楼梯间）隔墙：户间隔墙构造一

木塑板 15 mm＋酚醛泡沫板 150 mm＋木塑板 15 mm。

（6）外窗构造：6 mm 透明玻璃＋16 mm 空气＋6 mm 透明玻璃—塑料（木）窗框

传热系数 2.600 W/(m²·K)，自身遮阳系数 0.650。

（7）分户墙（1）：楼梯间隔墙构造一

木塑板 15 mm＋酚醛泡沫板 150 mm＋木塑板 15 mm。

（8）分户墙（2）：户间隔墙构造一

木塑板 15 mm＋酚醛泡沫板 150 mm＋木塑板 15 mm。

（9）分户楼板：控温房间楼板构造一

水泥砂浆 20 mm＋挤塑聚苯板(ρ＝25～32 kg/m³)40 mm＋钢筋混凝土 120 mm＋石灰砂浆 20 mm。

5）体形系数

外表面积/m²	3 132.95
建筑体积/m³	11 607.15
体形系数	0.27
标准依据	《江苏省居住建筑热环境和节能设计标准》(DGJ32/J 71—2014)第 5.1.1 条
标准要求	1～3 层≤0.55；4～5 层≤0.45；6～11 层≤0.40；12 层及 12 层以上≤0.35
结论	满足

6）窗墙比

朝向	窗面积/m²	墙面积/m²	窗墙比	限值	结论
南向	300.24	806.55	0.37	0.50	满足
北向	188.16	806.51	0.23	0.50	满足
东向	64.80	511.68	0.13	0.50	满足
西向	64.80	511.68	0.13	0.50	满足
标准依据	《江苏省居住建筑热环境和节能设计标准》(DGJ32/J 71—2014)第 5.4.5 条				
标准要求	各朝向窗墙比应符合第 5.4.5 条的规定				
结论	满足				

7）屋顶构造

屋顶构造一

材料名称 （由外到内）	厚度 δ/ mm	导热系数 λ/ (W·m⁻²·K⁻¹)	蓄热系数 S/ (W·m⁻²·K⁻¹)	修正系数 α	热阻 R/ (m²·K·W⁻¹)	热惰性指标 $D=RS$
碎石、卵石混凝土（ρ＝2 300 kg/m³）	40	1.510	15.360	1.00	0.026	0.407
挤塑聚苯板（ρ＝25～32 kg/m³）	60	0.030	0.320	1.20	1.667	0.640
水泥砂浆	20	0.930	11.370	1.00	0.022	0.245
加气混凝土、泡沫混凝土（ρ＝700 kg/m³）	80	0.220	3.590	1.00	0.364	1.305
钢筋混凝土	120	1.740	17.200	1.00	0.069	1.186
石灰砂浆	20	0.810	10.070	1.00	0.025	0.249
各层之和 $\sum$	340				2.172	4.032
传热阻 ＝ $0.15+\sum R$	2.322					
标准依据	《江苏省居住建筑热环境和节能设计标准》（DGJ32/J 71—2014）第5.2.2条					
标准要求	屋面传热阻值、热惰性指标应满足第5.2.2条规定（$R_{roof} \geqslant 1.670$）					
结论	满足					

8）外墙构造

外墙构造一

材料名称 （由外到内）	厚度 δ/ mm	导热系数 λ/ (W·m⁻²·K⁻¹)	蓄热系数 S/ (W·m⁻²·K⁻¹)	修正系数 α	热阻 R/ (m²·K·W⁻¹)	热惰性指标 $D=RS$
木塑板	15	0.250	7.880	1.00	0.060	0.473
酚醛树脂保温板	30	0.024	0.430	1.00	1.250	0.538
木塑板	10	0.250	7.880	1.00	0.040	0.315
酚醛树脂保温板	70	0.024	0.430	1.00	2.917	1.254

续表

材料名称 (由外到内)	厚度 δ/ mm	导热 系数 λ/ (W·m⁻²· K⁻¹)	蓄热系数 S/ (W·m⁻²· K⁻¹)	修正系 数 α	热阻 R/ (m²·K· W⁻¹)	热惰性 指标 D=RS
木塑板	10	0.250	7.880	1.00	0.040	0.315
酚醛树脂保温板	30	0.024	0.430	1.00	1.250	0.538
木塑板	15	0.250	7.880	1.00	0.060	0.473
各层之和 ∑	180				6.370	3.905
传热阻 = 0.15 + ∑R			6.520			

阳台隔墙构造一

材料名称	厚度 δ/ mm	导热 系数 λ/ (W·m⁻²· K⁻¹)	蓄热系数 S/ (W·m⁻²· K⁻¹)	修正系 数 α	热阻 R/ (m²·K· W⁻¹)	热惰性 指标 D=RS
木塑板	15	0.250	7.880	1.00	0.060	
酚醛泡沫板	90	0.024	0.430	1.00	3.750	
木塑板	15	0.250	7.880	1.00	0.060	
各层之和 ∑	120				3.870	
传热阻 = 0.22 + ∑R			4.090			
标准依据	《江苏省居住建筑热环境和节能设计标准》(DGJ32/J 71—2014)第 5.5.1 条					
标准要求	R≥0.5					
结论	满足					

9）外墙平均热工特性

（1）南向

构造名称	构件类型	面积/m²	面积所 占比例	传热阻 R/ (m²·K·W⁻¹)	热惰性指标 D
外墙构造一	主墙体	506.31	0.767	6.520	3.63
阳台隔墙构造一	阳台隔墙	153.60	0.233	4.020	2.56
合计		659.91	1.000	5.938	3.38

（2）北向

构造名称	构件类型	面积/m²	面积所占比例	传热阻 R/（m²·K·W⁻¹）	热惰性指标 D
外墙构造一	主墙体	618.35	0.743	6.520	3.63
阳台隔墙构造一	阳台隔墙	213.84	0.257	4.020	2.56
合计		832.19	1.000	5.878	3.36

（3）东向

构造名称	构件类型	面积/m²	面积所占比例	传热阻 R/（m²·K·W⁻¹）	热惰性指标 D
外墙构造一	主墙体	444.99	1.000	6.520	3.63

（4）西向

构造名称	构件类型	面积/m²	面积所占比例	传热阻 R/（m²·K·W⁻¹）	热惰性指标 D
外墙构造一	主墙体	444.99	1.000	6.520	3.63

（5）总体

构造名称	构件类型	面积/m²	面积所占比例	传热阻 R/（m²·K·W⁻¹）	热惰性指标 D
外墙构造一	主墙体	2 014.65	0.846	6.520	3.63
阳台隔墙构造一	阳台隔墙	367.44	0.154	4.020	2.56
合计		2 382.09	1.000	6.134	3.47

（6）各朝向外墙传热阻

检查项	计算值	标准要求	结论
南向传热阻	$R_S = 5.703$	$R_S \geqslant 1.000$	满足
东向传热阻	$R_E = 6.536$	$R_E \geqslant 1.200$	满足
西向传热阻	$R_W = 6.536$	$R_W \geqslant 1.200$	满足
北向传热阻	$R_N = 5.628$	$R_N \geqslant 1.100$	满足
标准依据	《江苏省居住建筑热环境和节能设计标准》（DGJ32/J 71—2014）第 5.3.3 条		
标准要求	外墙传热阻、热惰性指标应符合表 5.3.3-1 的规定		
结论	满足		

10) 采暖与非采暖楼板

控温与非控温楼板构造一

材料名称	厚度δ/mm	导热系数λ/(W·m⁻²·K⁻¹)	蓄热系数S/(W·m⁻²·K⁻¹)	修正系数α	热阻R/(m²·K·W⁻¹)	热惰性指标D=RS
水泥砂浆	20	0.930	11.370	1.00	0.022	0.245
挤塑聚苯板(ρ=25~32 kg/m³)	40	0.030	0.320	1.00	1.333	0.427
钢筋混凝土	120	1.740	17.200	1.00	0.069	1.186
石灰砂浆	20	0.810	10.070	1.00	0.025	0.249
各层之和∑	200				1.448	2.106
传热阻=0.22+∑R	1.67					
标准依据	《江苏省居住建筑热环境和节能设计标准》(DGJ32/J 71—2014)第5.3.3条					
标准要求	采暖空调空间与非采暖空调空间楼板的传热阻应符合表5.3.3-1的规定(R≥0.66)					
结论	满足					

11) 采暖与非采暖(楼梯间)隔墙

户间隔墙构造一

材料名称	厚度δ/mm	导热系数λ/(W·m⁻²·K⁻¹)	蓄热系数S/(W·m⁻²·K⁻¹)	修正系数α	热阻R/(m²·K·W⁻¹)	热惰性指标D=RS
木塑板	15	0.250	7.880	1.00	0.060	0.473
酚醛泡沫板	150	0.024	0.430	1.00	6.250	2.688
木塑板	15	0.250	7.880	1.00	0.060	0.473
各层之和∑	180				6.370	3.633
传热阻=0.22+∑R	6.590					

续表

材料名称	厚度 δ/mm	导热系数 λ/(W·m^{-2}·K^{-1})	蓄热系数 S/(W·m^{-2}·K^{-1})	修正系数 α	热阻 R/(m^2·K·W^{-1})	热惰性指标 $D=RS$
标准依据	《江苏省居住建筑热环境和节能设计标准》(DGJ32/J 71—2014)第5.3.3条					
标准要求	满足第5.3.3条规定($R\geqslant1.100$)					
结论	满足					

12）外窗热工

外窗构造

序号	构造名称	构造编号	传热系数	自遮阳系数	可见光透射比	备注
1	6 mm 透明玻璃＋16 mm 空气＋6 mm 透明玻璃—塑料(木)窗框	18	2.60	0.65	0.800	

13）外遮阳类型

（1）平板遮阳

详见图5.7。

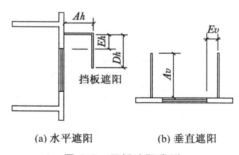

(a) 水平遮阳   (b) 垂直遮阳

图 5.7　平板遮阳类型

序号	编号	水平挑出 Ah/m	距离上沿 Eh/m	垂直挑出 Av/m	距离边沿 Ev/m	挡板高 Dh/m	挡板构造透射比 η^*	是否活动遮阳
1	平板遮阳0	0.500	0.000	0.000	0.000	0.000	0.000	否

（2）平均遮阳系数

① 南向

序号	门窗编号	楼层	数量	单个面积/m²	总面积/m²	构造编号	自遮阳系数	外遮阳编号	夏季外遮阳系数	夏季综合遮阳系数
1	C1515	1~8	16	2.250	36.000	18	1.000	平板遮阳0	0.789	0.789
2	C1818	1~8	16	3.240	51.840	18	1.000	平板遮阳0	0.817	0.817
3	C7418	1~8	16	13.275	212.400	18	1.000	平板遮阳0	0.817	0.817
朝向总面积/m²					300.240	朝向综合遮阳系数			0.813	0.813

② 北向

序号	门窗编号	楼层	数量	单个面积/m²	总面积/m²	构造编号	自遮阳系数	外遮阳编号	夏季外遮阳系数	夏季综合遮阳系数
1	C0915	1~8	16	1.350	21.600	18	0.650		1.000	0.650
2	C1212	1~9	34	1.440	48.960	18	0.650		1.000	0.650
3	C1815	1~8	16	2.700	43.200	18	0.650		1.000	0.650
4	C3115	1~8	16	4.650	74.400	18	0.650		1.000	0.650
朝向总面积/m²					188.160	朝向综合遮阳系数			1.000	0.650

③ 东向

序号	门窗编号	楼层	数量	单个面积/m²	总面积/m²	构造编号	自遮阳系数	外遮阳编号	夏季外遮阳系数	夏季综合遮阳系数
1	C0915	1~8	16	1.350	21.600	18	0.650	平板遮阳0	0.789	0.513
2	C3018	1~8	8	5.400	43.200	18	0.650	平板遮阳0	0.819	0.532
朝向总面积/m²					64.800	朝向综合遮阳系数			0.809	0.526

④ 西向

序号	门窗编号	楼层	数量	单个面积/m²	总面积/m²	构造编号	自遮阳系数	外遮阳编号	夏季外遮阳系数	夏季综合遮阳系数
1	C0915	1～8	16	1.350	21.600	18	0.650	平板遮阳 0	0.787	0.511
2	C3018	1～8	8	5.400	43.200	18	0.650	平板遮阳 0	0.817	0.531
朝向总面积/m²					64.800	朝向综合遮阳系数			0.807	0.524

⑤ 平均遮阳系数

$$S_w = \frac{b_E \cdot A_E \cdot S_{w.E} + b_S \cdot A_S \cdot S_{w.S} + b_w \cdot A_W \cdot S_{w.w} + b_N \cdot A_N \cdot S_{w.N}}{b_E \cdot A_E + b_S \cdot A_S + b_w \cdot A_W + b_N \cdot A_N}$$

朝向	面积/m²	权重系数 b	夏季遮阳系数
南向	300.240	1.00	0.813
北向	188.160	1.00	0.650
东向	64.800	1.00	0.526
西向	64.800	1.00	0.524
整个建筑平均遮阳系数			0.703

⑥ 各朝向外窗热工

检查项	计算值	标准要求	结论
东向传热系数	$k_E = 2.60$	$k_E \leqslant 3.00$	满足
西向传热系数	$k_w = 2.60$	$k_w \leqslant 3.00$	满足
南向传热系数	$k_S = 2.60$	$k_S \leqslant 2.80$	满足
北向传热系数	$k_N = 2.60$	$k_N \leqslant 3.00$	满足
东向夏季综合遮阳系数	$S_E = 0.53$	$S_E \leqslant 0.40$	不满足
西向夏季综合遮阳系数	$S_w = 0.52$	$S_w \leqslant 0.40$	不满足
南向夏季综合遮阳系数	$S_S = 0.81$	$S_S \leqslant 0.25$	不满足
北向夏季综合遮阳系数	$S_N = 0.65$	$S_N \leqslant 0.50$	不满足
标准依据	《江苏省居住建筑热环境和节能设计标准》(DGJ32/J 71—2014)第5.4.5条		
标准要求	外窗的应符合第5.4.5条的要求		
结论	不满足		

14）分户墙

楼梯间隔墙构造一

材料名称	厚度 δ/mm	导热系数 λ/(W·m⁻²·K⁻¹)	蓄热系数 S/(W·m⁻²·K⁻¹)	修正系数 α	热阻 R/(m²·K·W⁻¹)	热惰性指标 D=RS
木塑板	15	0.250	7.880	1.00	0.060	
酚醛泡沫板	90	0.024	0.430	1.00	3.750	
木塑板	15	0.250	7.880	1.00	0.060	
各层之和 $\sum$	120				3.870	
传热阻 =0.22 + $\sum R$	4.090					
标准依据	《江苏省居住建筑热环境和节能设计标准》(DGJ32/J 71—2014)第5.5.1条					
标准要求	$R \geqslant 0.5$					
结论	满足					

户间隔墙构造一

材料名称	厚度 δ/mm	导热系数 λ/(W·m⁻²·K⁻¹)	蓄热系数 S/(W·m⁻²·K⁻¹)	修正系数 α	热阻 R/(m²·K·W⁻¹)	热惰性指标 D=RS
木塑板	15	0.250	7.880	1.00	0.060	
酚醛泡沫板	150	0.024	0.430	1.00	6.250	
木塑板	15	0.250	7.880	1.00	0.060	
各层之和 $\sum$	180				6.370	
传热阻 =0.22 + $\sum R$	6.590					
标准依据	《江苏省居住建筑热环境和节能设计标准》(DGJ32/J 71—2014)第5.5.1条					
标准要求	$R \geqslant 0.5$					
结论	满足					

15）分户楼板

控温房间楼板构造一

材料名称	厚度 δ/mm	导热系数 λ/(W・m^{-2}・K^{-1})	蓄热系数 S/(W・m^{-2}・K^{-1})	修正系数 α	热阻 R/(m^2・K・W^{-1})	热惰性指标 D=RS
水泥砂浆	20	0.930	11.370	1.00	0.022	
挤塑聚苯板(ρ=25～32 kg/m³)	40	0.030	0.320	1.00	1.333	
钢筋混凝土	120	1.740	17.200	1.00	0.069	
石灰砂浆	20	0.810	10.070	1.00	0.025	
各层之和 $\sum$	200				1.448	
传热阻 = 0.22 + $\sum R$	1.668					
标准依据	《江苏省居住建筑热环境和节能设计标准》(DGJ32/J 71—2014)第 5.5.1 条					
标准要求	R≥0.5					
结论	满足					

16）外窗气密性

层数	1～6 层	7 层及 7 层以上
最不利气密性等级		
外窗气密性措施		
标准依据	《江苏省居住建筑热环境和节能设计标准》(DGJ32/J 71—2014)第 5.4.4 条,分级与检测方法《建筑外门窗气密、水密、抗风压性能分级及检测方法》(GB/T 7106—2008)	《江苏省居住建筑热环境和节能设计标准》(DGJ32/J 71—2014)第 5.4.4 条,分级与检测方法《建筑外门窗气密、水密、抗风压性能分级及检测方法》(GB/T 7106—2008)
标准要求	1～6 层外窗气密性不应低于《建筑外门窗气密、水密、抗风压性能分级及检测方法》(GB/T 7106—2008)的 4 级,即《建筑外窗气密性能分级及检测方法》(GB/T 7107—2002)的 3 级	7 层以及 7 层以上外窗气密性不应低于《建筑外门窗气密、水密、抗风压性能分级及检测方法》(GB/T 7106—2008)的 6 级,即《建筑外窗气密性能分级及检测方法》(GB/T 7107—2002)的 4 级
结论		

17) 规定性指标检查结论

序号	检查项	结论	可否性能权衡
1	体形系数	满足	
2	窗墙比	满足	
3	屋顶构造	满足	
4	各朝向外墙传热阻	满足	
5	采暖与非采暖楼板	满足	
6	采暖与非采暖（楼梯间）隔墙	满足	
7	外窗热工	不满足	可
8	分户墙	满足	
9	分户楼板	满足	
10	外窗气密性	满足	
结论		不满足	可

说明：本工程规定性指标设计不满足要求，需依据《江苏省居住建筑热环境和节能设计标准》第6节的相关要求，进行节能性能性指标设计和建筑物节能综合指标的判断。

2. 居住建筑—综合权衡报告

1) 建筑概况

工程名称	徐州某钢结构建筑	
工程地点	江苏省苏州市	
地理位置	北纬：31.32°	东经：120.62°
建筑面积	地上 3 869 m²	地下 0 m²
建筑层数	地上 9	地下 0
建筑高度	地上 27.0 m	地下 0.0 m
建筑（节能计算）体积	11 607.15 m³	
建筑（节能计算）外表面积	3 132.95 m²	
北向角度	90°	
结构类型		
外墙太阳辐射吸收系数	0.75	
屋顶太阳辐射吸收系数	0.75	

2）设计依据

（1）《江苏省居住建筑热环境和节能设计标准》（DGJ 32/J 71—2014）

（2）《民用建筑热工设计规范》（GB 50176—2016）

（3）《夏热冬冷地区居住建筑节能设计标准》（JGJ134—2010）

（4）《江苏省民用建筑工程施工图设计文件（节能专篇）编制深度规定》
（2009 年版）

（5）《建筑外门窗气密、水密、抗风压性能分级及检测方法》（GB/T 7106—
2008）

（6）《建筑外窗空气渗透性能分级及其检测方法》（GB/T 7107—2002）

3）工程材料

材料名称	编号	导热系数 λ/（W・m^{-2}・K^{-1}）	蓄热系数 S/（W・m^{-2}・K^{-1}）	密度 ρ/（kg・m^{-3}）	比热容 C_p/（J・kg^{-1}・K^{-1}）	蒸汽渗透系数 μ/（g・m^{-1}・h^{-1}・kPa^{-1}）	备注
水泥砂浆	1	0.930	11.370	1 800.0	1 050.0	0.021 0	
石灰砂浆	18	0.810	10.070	1 600.0	1 050.0	0.044 3	
钢筋混凝土	4	1.740	17.200	2 500.0	920.0	0.015 8	
碎石、卵石混凝土（ρ=2 300 kg/m³）	10	1.510	15.360	2 300.0	920.0	0.017 3	
挤塑聚苯板（ρ=25～32 kg/m³）	22	0.030	0.320	28.5	1 647.0	0.016 2	来源：《民用建筑热工设计规范》（GB 50176—2016）
加气混凝土、泡沫混凝土（ρ=700 kg/m³）	26	0.220	3.590	700.0	1 050.0	0.099 8	
木塑板	28	0.250	7.880	1 270.0	1 000.0	0.000 0	
酚醛泡沫板	29	0.024	0.430	62.5	1 507.0	0.000 0	
半硬质矿（岩）棉板（ρ=100～180 kg/m³）	31	0.048	0.770	140.0	1 213.0	0.000 0	

4）围护结构做法简要说明

（1）采暖与非采暖楼板：控温与非控温楼板构造一

水泥砂浆 20 mm＋挤塑聚苯板（$\rho＝25～32$ kg/m³）40 mm＋钢筋混凝土 120 mm＋石灰砂浆 20 mm。

（2）采暖与非采暖（楼梯间）隔墙：户间隔墙构造一

木塑板 15 mm＋酚醛泡沫板 150 mm＋木塑板 15 mm。

（3）分户墙（1）：楼梯间隔墙构造一

木塑板 15 mm＋酚醛泡沫板 90 mm＋木塑板 15 mm。

（4）分户墙（2）：户间隔墙构造一

木塑板 15 mm＋酚醛泡沫板 150 mm＋木塑板 15 mm。

（5）分户楼板：控温房间楼板构造一

水泥砂浆 20 mm＋挤塑聚苯板（$\rho＝25～32$ kg/m³）40 mm＋钢筋混凝土 120 mm＋石灰砂浆 20 mm。

（6）外墙构造（1）：外墙构造一（由外到内）

木塑板 15 mm 厚＋酚醛泡沫 30 mm 厚＋内木塑板 10 mm 厚＋酚醛泡沫 69 mm 厚＋内木塑板 10 mm 厚＋酚醛泡沫 30 mm 厚＋木塑板 15 mm。

（7）外墙构造（2）：阳台隔墙构造一（由外到内）

木塑板 15 mm 厚＋酚醛泡沫 30 mm 厚＋内木塑板 10 mm 厚＋酚醛泡沫 69 mm 厚＋内木塑板 10 mm 厚＋酚醛泡沫 30 mm 厚＋木塑板 15 mm。

（8）外窗构造：6 mm 透明玻璃＋16 mm 空气＋6 mm 透明玻璃一塑料（木）窗框

传热系数 2.600 W/(m²·K)，自身遮阳系数 0.650。

5）体形系数

外表面积/m²	建筑体积/m³	体型系数	建筑形状
3 132.95	11 607.15	0.27	条状

6）窗墙比

朝向	窗面积/m²	墙面积/m²	窗墙比
南向	300.24	806.55	0.37
北向	188.16	806.51	0.23
东向	64.80	511.68	0.13
西向	64.80	511.68	0.13

7）采暖与非采暖楼板

控温与非控温楼板构造一

材料名称	厚度 δ/mm	导热系数 λ/(W·m⁻²·K⁻¹)	蓄热系数 S/(W·m⁻²·K⁻¹)	修正系数 α	热阻 R/(m²·K·W⁻¹)	热惰性指标 D=RS
水泥砂浆	20	0.930	11.370	1.00	0.022	0.245
挤塑聚苯板(ρ=25～32 kg/m³)	40	0.030	0.320	1.00	1.333	0.427
钢筋混凝土	120	1.740	17.200	1.00	0.069	1.186
石灰砂浆	20	0.810	10.070	1.00	0.025	0.249
各层之和 $\sum$	200				1.448	2.106
传热阻 = 0.22 + $\sum R$	1.67					

8）采暖与非采暖（楼梯间）隔墙

户间隔墙构造一

材料名称	厚度 δ/mm	导热系数 λ/(W·m⁻²·K⁻¹)	蓄热系数 S/(W·m⁻²·K⁻¹)	修正系数 α	热阻 R/(m²·K·W⁻¹)	热惰性指标 D=RS
木塑板	15	0.250	7.880	1.00	0.060	0.473
酚醛泡沫板	150	0.024	0.430	1.00	6.250	2.688
木塑板	15	0.250	7.880	1.00	0.060	0.473
各层之和 $\sum$	180				6.370	3.633
传热阻 = 0.22 + $\sum R$	6.590					

9）分户墙

楼梯间隔墙构造一

材料名称	厚度 δ/mm	导热系数 λ/(W·m⁻²·K⁻¹)	蓄热系数 S/(W·m⁻²·K⁻¹)	修正系数 α	热阻 R/(m²·K·W⁻¹)	热惰性指标 D=RS
木塑板	15	0.250	7.880	1.00	0.060	
酚醛泡沫板	90	0.024	0.430	1.00	3.750	
木塑板	15	0.250	7.880	1.00	0.060	
各层之和 $\sum$	120				3.870	
传热阻 = $0.22 + \sum R$	4.090					

户间隔墙构造一

材料名称	厚度 δ/mm	导热系数 λ/(W·m⁻²·K⁻¹)	蓄热系数 S/(W·m⁻²·K⁻¹)	修正系数 α	热阻 R/(m²·K·W⁻¹)	热惰性指标 D=RS
木塑板	15	0.250	7.880	1.00	0.060	
酚醛泡沫板	150	0.024	0.430	1.00	6.250	
木塑板	15	0.250	7.880	1.00	0.060	
各层之和 $\sum$	180				6.370	
传热阻 = $0.22 + \sum R$	6.590					

分户墙平均热工特性

构造名称	面积/m²	面积所占比例	传热阻 R/(m²·K·W⁻¹)
楼梯间隔墙构造一	929.07	0.611	4.090
户间隔墙构造一	590.40	0.389	6.590
合计	1 519.47	1.000	5.061

10）分户楼板

控温房间楼板构造一

材料名称	厚度δ/mm	导热系数 λ/（W·m⁻²·K⁻¹）	蓄热系数 S/（W·m⁻²·K⁻¹）	修正系数 α	热阻 R/（m²·K·W⁻¹）	热惰性指标 D=RS
水泥砂浆	20	0.930	11.370	1.00	0.022	
挤塑聚苯板（ρ=25～32 kg/m³）	40	0.030	0.320	1.00	1.333	
钢筋混凝土	120	1.740	17.200	1.00	0.069	
石灰砂浆	20	0.810	10.070	1.00	0.025	
各层之和 ∑	200				1.448	
传热阻 = 0.22 + ∑R			1.668			

体型系数超标时，屋面热阻、墙体热阻、窗户隔热系数应达标。

标准依据	《江苏省居住建筑热环境和节能设计标准》（DGJ 32/J 71—2014）第 6.0.2-1 条
标准要求	进行性能性指标设计时，因体型系数超标时，屋面、墙体、窗户的传热阻或传热系数、热惰性指标应满足相近体型系数达标时规定性指标的要求
结论	满足

窗墙比超标时，屋面热阻、墙体热阻、窗户隔热系数应达标。

标准依据	《江苏省居住建筑热环境和节能设计标准》（DGJ 32/J 71—2014）第 6.0.2-2 条
标准要求	进行性能性指标设计时，因窗墙面积比超标时，屋面和墙体的传热阻、热惰性指标应满足规定性指标的要求，窗户的传热系数应满足相近窗墙面积比达标时规定性指标的要求
结论	满足

外窗隔热系数超标时，屋面热阻和墙体热阻应达标。

标准依据	《江苏省居住建筑热环境和节能设计标准》（DGJ 32/J 71—2014）第 6.0.2-3 条
标准要求	进行性能性指标设计时，因窗传热系数超标时，屋面和窗的传热阻、热惰性指标应满足规定性指标的要求
结论	满足

外墙热阻超标时,屋面热阻和外窗隔热系数应达标。

标准依据	《江苏省居住建筑热环境和节能设计标准》(DGJ 32/J 71—2014)第 6.0.2-4 条
标准要求	进行性能性指标设计时,因外墙传热阻超标时,屋面和窗的传热阻或传热系数应满足规定性指标的要求
结论	满足

窗的遮阳超标时,屋面热阻、墙体热阻、窗隔热系数应达标。

标准依据	《江苏省居住建筑热环境和节能设计标准》(DGJ 32/J 71—2014)第 6.0.2-5 条
标准要求	进行性能性指标设计时,因窗的遮阳超标时,屋面、墙和窗的传热系数或传热阻、居住建筑的热惰性指标应满足规定性指标的要求
结论	满足

分户楼板、隔墙或采暖空调与非采暖空调区间构件不达标时,外围护结构的传热系数或传热阻应满足规定性指标的要求。

标准依据	《江苏省民用建筑工程施工图设计文件(节能专篇)编制深度规定》(2009年版)第 2.3.3-6 条
标准要求	当因分户楼板、隔墙或因采暖空调与非采暖空调区间构件不达标而进行性能性指标设计时,外围护结构的传热系数或传热阻、居住建筑的热惰性指标应满足规定性指标的要求

窗和外墙的传热系数或传热阻不得同时超标。

标准依据	《江苏省民用建筑工程施工图设计文件(节能专篇)编制深度规定》(2009年版)第 2.3.3-7-2 条
标准要求	窗和外墙的传热系数或传热阻同时不达标时,不得进行性能性指标设计。即进行性能性指标设计时,窗和外墙的传热系数或传热阻不得同时超标
结论	满足

窗的遮阳和传热系数不得同时超标。

标准依据	《江苏省民用建筑工程施工图设计文件(节能专篇)编制深度规定》(2009年版)第 2.3.3-7-3 条
标准要求	窗的遮阳和传热系数同时不达标时,不得进行性能性指标设计。即进行性能性指标设计时,窗的遮阳和传热系数不得同时超标
结论	满足

南向外窗应设置外遮阳设施。

标准依据	《江苏省民用建筑工程施工图设计文件(节能专篇)编制深度规定》(2009年版)第2.3.3-7-4条
标准要求	南向外窗不设置外遮阳设施的,不得进行性能性指标设计。即进行性能性指标设计时,南向外窗应设置外遮阳设施

11) 外窗气密性

层数	1~6层	7层及7层以上
最不利气密性等级		
外窗气密性措施		
标准依据	《江苏省居住建筑热环境和节能设计标准》(DGJ32/J 71—2014)第5.4.4条,分级与检测方法《建筑外门窗气密、水密、抗风压性能分级及检测方法》(GB/T 7106—2008)	《江苏省居住建筑热环境和节能设计标准》(DGJ32/J 71—2014)第5.4.4条,分级与检测方法《建筑外门窗气密、水密、抗风压性能分级及检测方法》(GB/T 7106—2008)
标准要求	1~6层外窗气密性不应低于《建筑外门窗气密、水密、抗风压性能分级及检测方法》(GB/T 7106—2008)的4级,即《建筑外窗气密性能分级及检测方法》(GB/T 7107—2002)的3级	7层以及7层以上外窗气密性不应低于《建筑外门窗气密、水密、抗风压性能分级及检测方法》(GB/T 7106—2008)的6级,即《建筑外窗气密性能分级及检测方法》(GB/T 7107—2002)的4级
结论		

12) 综合权衡

	设计建筑	限值
采暖空调耗电量指标/(kWh·m^{-2})	13.57	19.20
采暖耗电量指标/(kWh·m^{-2})	8.84	10.40
空调耗电量指标/(kWh·m^{-2})	4.73	8.80
采暖空调耗冷量指标/(W·m^{-2})	17.96	32.30
采暖耗热量指标/(W·m^{-2})	9.32	16.10
空调耗冷量指标/(W·m^{-2})	8.65	16.20
标准依据	《江苏省居住建筑热环境和节能设计标准》(DGJ32/J 71—2014)第3.0.3条	
标准要求	设计建筑的采暖空调耗电量不应大于给定的限值	
结论	满足	

13）建筑物的节能综合指标判断结论

序号	检查项	结论
1	体型系数超标时,屋面热阻、墙体热阻、窗户隔热系数应达标	满足
2	窗墙比超标时,屋面热阻、墙体热阻、窗户隔热系数应达标	满足
3	外窗隔热系数超标时,屋面热阻和墙体热阻应达标	满足
4	外墙超标时,屋面热阻和外窗隔热系数应达标	满足
5	窗的遮阳超标时,屋面热阻、墙体热阻、窗隔热系数应达标	满足
6	分户楼板、隔墙或采暖空调与非采暖空调区间构件不达标时,外围护结构的传热系数或传热阻应满足规定性指标的要求	满足
7	屋面热阻不得超标	满足
8	窗和外墙的传热系数或传热阻不得同时超标	满足
9	窗的遮阳和传热系数不得同时超标	满足
10	南向外窗应设置外遮阳设施	满足
11	各朝向外墙传热阻	满足
12	外窗热工	满足
13	外窗气密性	满足
14	综合权衡	满足
结论		满足

说明：本工程进行性能性指标设计时,符合《江苏省居住建筑热环境和节能设计标准》第6节相关要求;设计建筑的采暖年、空调年计算耗电量之和,不超过第3节规定的采暖、空调年计算耗电量之和。节能符合要求。

注：节能率计算公式为

$$节能率＝1-\frac{实际建筑能耗}{能耗限值/(1-65\%)}$$

该工程的节能率为 $1-13.57/[19.20/(1-65\%)]=75.3\%$。

5.2.4　夏热冬暖地区

1. 居住建筑—规定性指标报告

1）建筑概况

地理位置	广东省广州市	
工程名称	某钢结构建筑	
建筑面积	地上 3 869 m²	地下 0 m²

建筑高度	地上 27.0 m	地下 0.0 m
建筑层数	地上 9	地下 0
北向角度	90°	
所属结构体系		
外墙太阳辐射吸收系数	0.75	
屋顶太阳辐射吸收系数	0.75	

2）计算依据

（1）《〈夏热冬暖地区居住建筑节能设计标准〉广东省实施细则》（DBJ 15—50—2006）

（2）《民用建筑热工设计规范》（GB 50176—2016）

（3）《建筑外门窗气密、水密、抗风压性能分级及检测方法》（GB/T 7106—2008）

（4）《建筑外窗气密性能分级及检测方法》（GB/T 7107—2002）

3）工程材料

材料名称	编号	导热系数 λ/ (W·m⁻²·K⁻¹)	蓄热系数 S/ (W·m⁻²·K⁻¹)	密度 ρ/ (kg·m⁻³)	比热容 C_p/ (J·kg⁻¹·K⁻¹)	蒸汽渗透系数 μ/(g·m⁻¹·h⁻¹·kPa⁻¹)	备注
水泥砂浆	1	0.930	11.370	1 800.0	1 050.0	0.021 0	
石灰砂浆	18	0.810	10.070	1 600.0	1 050.0	0.044 3	
钢筋混凝土	4	1.740	17.200	2 500.0	920.0	0.015 8	
碎石、卵石混凝土（ρ=2 300 kg/m³）	10	1.510	15.360	2 300.0	920.0	0.017 3	来源：《民用建筑热工设计规范》（GB 50176—2016）
挤塑聚苯板（ρ=25～32 kg/m³）	22	0.030	0.320	28.5	1 647.0	0.016 2	
加气混凝土、泡沫混凝土（ρ=700 kg/m³）	26	0.220	3.590	700.0	1 050.0	0.099 8	

续表

材料名称	编号	导热系数 λ/(W·m⁻²·K⁻¹)	蓄热系数 S/(W·m⁻²·K⁻¹)	密度 ρ/(kg·m⁻³)	比热容 Cₚ/(J·kg⁻¹·K⁻¹)	蒸汽渗透系数 μ/(g·m⁻¹·h⁻¹·kPa⁻¹)	备注
混凝土多孔砖（190 六孔砖）	27	0.750	7.490	1 450.0	709.4	0.000 0	来源:《民用建筑热工设计规范》(GB 50176—2016)
木塑板	28	0.250	7.880	1 270.0	1 000.0	0.000 0	
酚醛泡沫板	29	0.024	0.430	62.5	1 507.0	0.000 0	
半硬质矿（岩）棉板（ρ＝100～180 kg/m³）	31	0.048	0.770	140.0	1 213.0	0.000 0	

4）体形系数

外表面积/m²	建筑体积/m³	体形系数
3 132.95	11 607.15	0.27

5）窗墙比

（1）窗墙比

朝向	窗面积/m²	墙面积/m²	窗墙比	限值	结论
东向	64.80	511.68	0.13	0.30	满足
西向	64.80	511.68	0.13	0.30	满足
南向	300.24	806.55	0.37	0.50	满足
北向	188.16	806.51	0.23	0.45	满足
平均	618.00	2 636.43	0.23	0.45	满足
标准依据	《〈夏热冬暖地区居住建筑节能设计标准〉广东省实施细则》第 4.1.4 条和表 4.1.7—2				
标准要求	各朝向窗墙比和平均窗墙比不超过限值				
结论	满足				

（2）外窗表

朝向	编号	尺寸/m	楼层	数量	单个面积/m²	合计面积/m²
东向 64.80°	C0915	0.90×1.50	1~8	16	1.35	21.60
	C3018	3.00×1.80	1~8	8	5.40	43.20
西向 64.80°	C0915	0.90×1.50	1~8	16	1.35	21.60
	C3018	3.00×1.80	1~8	8	5.40	43.20
南向 300.24°	C1515	1.50×1.50	1~8	16	2.25	36.00
	C1818	1.80×1.80	1~8	16	3.24	51.84
	C7418	7.38×1.80	1~8	16	13.28	212.40
北向 188.16°	C0915	0.90×1.50	1~8	16	1.35	21.60
	C1212	1.20×1.20	1~9	34	1.44	48.96
	C1815	1.80×1.50	1~8	16	2.70	43.20
	C3115	3.10×1.50	1~8	16	4.65	74.40

6）屋顶构造

材料名称（由外到内）	材料编码	序号	厚度 δ/mm	导热系数 λ/(W·m⁻²·K⁻¹)	蓄热系数 S/(W·m⁻²·K⁻¹)	修正系数 α	热阻 R/(m²·K·W⁻¹)	热惰性指标 $D=RS$
碎石、卵石混凝土（$\rho=2\,300$ kg/m³）	10	1	40	1.510	15.360	1.00	0.026	0.407
挤塑聚苯板（$\rho=25\sim32$ kg/m³）	22	2	60	0.030	0.320	1.20	1.667	0.640
水泥砂浆	1	3	20	0.930	11.370	1.00	0.022	0.245
加气混凝土、泡沫混凝土（$\rho=700$ kg/m³）	26	4	80	0.220	3.590	1.00	0.364	1.305
钢筋混凝土	4	5	120	1.740	17.200	1.00	0.069	1.186
石灰砂浆	18	6	20	0.810	10.070	1.00	0.025	0.249
各层之和 $\sum$			340				2.172	4.032
外表面太阳辐射吸收系数	0.75（默认）							

续表

材料名称 （由外到内）	材料 编码	序号	厚度 δ/ mm	导热 系数 λ/ (W·m⁻²· K⁻¹)	蓄热系数 S/ (W·m⁻²· K⁻¹)	修正系 数 α	热阻 R/ (m²·K· W⁻¹)	热惰性 指标 D=RS
传热系数 $K = 1/(0.16 + \sum R)$				0.43				
修正后 K，D				$K=0.43，D=4.03$				
修正原因								
标准依据				《〈夏热冬暖地区居住建筑节能设计标准〉广东省实施细则》 第4.1.6条				
标准要求				$K\leqslant1.0，D\geqslant2.5$ 或 $K\leqslant0.5$				
结论				满足				

7）外墙构造

材料名称 （由外到内）	材料 编码	序号	厚度 δ/ mm	导热 系数 λ⁻²/ (W·m⁻²· K⁻¹)	蓄热系数 S/ (W·m⁻²· K⁻¹)	修正系 数 α	热阻 R/ (m²·K· W⁻¹)	热惰性 指标 D=RS
木塑板	28	1	15	0.250	7.880	1.00	0.060	0.473
酚醛树脂保温板	29	2	30	0.024	0.430	1.00	1.250	0.538
木塑板	28	3	10	0.250	7.880	1.00	0.040	0.315
酚醛树脂保温板	29	4	70	0.024	0.430	1.00	2.917	1.254
木塑板	28	5	10	0.250	7.880	1.00	0.040	0.315
酚醛树脂保温板	29	6	30	0.024	0.430	1.00	1.250	0.538
木塑板	28	7	15	0.250	7.880	1.00	0.060	0.473
各层之和 $\sum$			180				6.370	3.905
外表面太阳 辐射吸收系数				0.75（默认）				
传热系数 $K = 1/(0.16 + \sum R)$				0.15				
标准依据				《〈夏热冬暖地区居住建筑节能设计标准〉广东省实施细则》 第4.1.6条				

续表

材料名称（由外到内）	材料编码	序号	厚度 δ/mm	导热系数 λ⁻²/(W·m⁻²·K⁻¹)	蓄热系数 S/(W·m⁻²·K⁻¹)	修正系数 α	热阻 R/(m²·K·W⁻¹)	热惰性指标 D=RS
标准要求	$K \leqslant 2.0, D \geqslant 3.0$ 或 $K \leqslant 1.5, D \geqslant 3.0$ 或 $K \leqslant 1.0, D \geqslant 2.5$ 或 $K \leqslant 0.7$							
结论	满足							

8）外窗热工

序号	构造名称	构造编号	传热系数	自遮阳系数	可见光透射比	备注
1	6 mm 透明玻璃＋16 mm 空气＋6 mm 透明玻璃－塑料（木）窗框	18	2.60	0.65	0.800	

9）外遮阳类型

（1）平板遮阳

详见图 5.8。

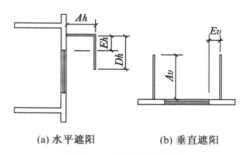

(a) 水平遮阳　　　　(b) 垂直遮阳

图 5.8　平板遮阳类型

序号	编号	水平挑出 Ah/m	距离上沿 Eh/m	垂直挑出 Av/m	距离边沿 Ev/m	挡板高 Dh/m	挡板构造透射比 η*
1	平板遮阳0	0.500	0.000	0.000	0.000	0.000	0.000

（2）平均遮阳系数

① 东向

序号	门窗编号	楼层	数量	单个面积/m²	总面积/m²	构造编号	自遮阳系数	外遮阳编号	外遮阳系数	综合遮阳系数
1	C0915	1～8	16	1.350	21.600	18	0.650	平板遮阳 0	0.822	0.534
2	C3018	1～8	8	5.400	43.200	18	0.650	平板遮阳 0	0.846	0.550
朝向总面积/m²					64.800	朝向综合遮阳系数			0.838	0.545

② 西向

序号	门窗编号	楼层	数量	单个面积/m²	总面积/m²	构造编号	自遮阳系数	外遮阳编号	外遮阳系数	综合遮阳系数
1	C0915	1～8	16	1.350	21.600	18	0.650	平板遮阳 0	0.889	0.578
2	C3018	1～8	8	5.400	43.200	18	0.650	平板遮阳 0	0.904	0.588
朝向总面积/m²					64.800	朝向综合遮阳系数			0.899	0.584

③ 南向

序号	门窗编号	楼层	数量	单个面积/m²	总面积/m²	构造编号	自遮阳系数	外遮阳编号	外遮阳系数	综合遮阳系数
1	C1515	1～8	16	2.250	36.000	18	0.650	平板遮阳 0	0.822	0.534
2	C1818	1～8	16	3.240	51.840	18	0.650	平板遮阳 0	0.846	0.550
3	C7418	1～8	16	13.275	212.400	18	0.650	平板遮阳 0	0.846	0.550
朝向总面积/m²					300.240	朝向综合遮阳系数			0.844	0.548

④ 北向

序号	门窗编号	楼层	数量	单个面积/m²	总面积/m²	构造编号	自遮阳系数	外遮阳编号	外遮阳系数	综合遮阳系数
1	C0915	1~8	16	1.350	21.600	18	0.650		1.000	0.650
2	C1212	1~9	34	1.440	48.960	18	0.650		1.000	0.650
3	C1815	1~8	16	2.700	43.200	18	0.650		1.000	0.650
4	C3115	1~8	16	4.650	74.400	18	0.650		1.000	0.650
朝向总面积/m²					188.160	朝向综合遮阳系数			1.000	0.650

⑤ 平均遮阳系数

$$S_W = \frac{b_E \cdot A_E \cdot S_{W \cdot E} + b_S \cdot A_S \cdot S_{W \cdot S} + b_W \cdot A_W \cdot S_{W \cdot W} + b_N \cdot A_N \cdot S_{W \cdot N}}{b_E \cdot A_E + b_S \cdot A_S + b_W \cdot A_W + b_N \cdot A_N}$$

$$= 0.581$$

朝向	面积/m²	权重系数 b	遮阳系数
东向	64.800	1.25	0.545
西向	64.800	1.25	0.584
南向	300.240	0.90	0.548
北向	188.160	0.90	0.650
整个建筑平均遮阳系数	0.581		
外墙热工	$K=0.15, D=3.63, \rho=0.75$		
检查依据	《〈夏热冬暖地区居住建筑节能设计标准〉广东省实施细则》第4.1.7条		
标准要求	根据外墙 K, D, ρ 查表4.1.7-2($S_W \leqslant 0.90$)		
检查结论	满足		

10）可开启面积

楼层	房间编号	房间面积/m²	门窗编号	门窗面积/m²	开启比例	门窗类型	透光面积/房间面积	开启面积/房间面积	门窗开启比	幕墙开启比	结论
2	1003（最不利房间）	74.44	C0915	1.35	0.45	外窗	0.02	0.01	0.45		满足

续表

楼层	房间编号	房间面积/m²	门窗编号	门窗面积/m²	开启比例	门窗类型	透光面积/房间面积	开启面积/房间面积	门窗开启比	幕墙开启比	结论
标准依据	《〈夏热冬暖地区居住建筑节能设计标准〉广东省实施细则》第 4.1.10 条										
标准要求	可开启面积不小于地面积的 8% 或窗面积的 45%										
结论	满足										

11) 隔热检查

序号	构造名称	构造类型	朝向	传热系数	热惰性指标	面积/m²	内表最高温度/℃	结论
1	外墙构造一	外墙	东	0.15	3.63	444.99	34.62	满足
2	外墙构造一	外墙	西	0.15	3.63	444.99	35.04	满足
3	屋顶构造一	屋顶	上	0.43	4.03	465.63	34.45	满足
标准依据	《〈夏热冬暖地区居住建筑节能设计标准〉广东省实施细则》第 4.1.6 条和《民用建筑热工设计规范》第 5.1.1 条							
标准要求	内表面温度不超过限值 35.60 ℃							
结论	满足							

12) 外窗气密性

层数	1～9 层	10 层以上
最不利气密性等级	6 级　C0915	
外窗气密性措施		
标准依据	《〈夏热冬暖地区居住建筑节能设计标准〉广东省实施细则》第 4.1.11 条,分级与检测方法《建筑外门窗气密、水密、抗风压性能分级及检测方法》	《〈夏热冬暖地区居住建筑节能设计标准〉广东省实施细则》第 4.1.11 条,分级与检测方法《建筑外门窗气密、水密、抗风压性能分级及检测方法》
标准要求	1～9 层外窗气密性不应低于《建筑外门窗气密、水密、抗风压性能分级及检测方法》的 4 级,即《建筑外窗气密性能分级及检测方法》的 3 级	10 层以及 10 层以上外窗气密性不应低于《建筑外门窗气密、水密、抗风压性能分级及检测方法》的 6 级,即《建筑外窗气密性能分级及检测方法》的 4 级
是否符合标准要求	满足	

13）结论

序号	检查项	结论	可否性能权衡
1	窗墙比	满足	
2	屋顶构造	满足	
3	外墙构造	满足	
4	天窗类型	无	
5	外窗热工	满足	
6	可开启面积	满足	
7	隔热检查	满足	
8	外窗气密性	满足	
结论		满足	

2. 居住建筑—综合权衡报告

1）建筑概况

地理位置	广东省广州市	
工程名称	某钢结构建筑	
建筑面积	地上 3 869 m²	地下 0 m²
建筑高度	地上 27 m	地下 0 m
建筑层数	地上 9 层	地下 0 层
北向角度	90°	
所属结构体系		
外墙太阳辐射吸收系数	0.75	
屋顶太阳辐射吸收系数	0.75	

2）计算依据

（1）《〈夏热冬暖地区居住建筑节能设计标准〉广东省实施细则》（DBJ 15—50—2006）

（2）《民用建筑热工设计规范》（GB 50176—2016）

（3）《建筑外门窗气密、水密、抗风压性能分级及检测方法》（GB/T 7106—2008）

（4）《建筑外窗气密性能分级及检测方法》（GB/T 7107—2002）

3）工程材料

材料名称	编号	导热系数 λ/(W·m⁻²·K⁻¹)	蓄热系数 S/(W·m⁻²·K⁻¹)	密度 ρ/(kg·m⁻³)	比热容 C_p/(J·kg⁻¹·K⁻¹)	蒸汽渗透系数 μ/(g·m⁻¹·h⁻¹·kPa⁻¹)	备注
水泥砂浆	1	0.930	11.370	1 800.0	1 050.0	0.021 0	
石灰砂浆	18	0.810	10.070	1 600.0	1 050.0	0.044 3	
钢筋混凝土	4	1.740	17.200	2 500.0	920.0	0.015 8	
碎石、卵石混凝土(ρ=2 300 kg/m³)	10	1.510	15.360	2 300.0	920.0	0.017 3	
挤塑聚苯板(ρ=25～32 kg/m³)	22	0.030	0.320	28.5	1 647.0	0.016 2	来源：《民用建筑热工设计规范》（GB 50176—2016）
加气混凝土、泡沫混凝土(ρ=700 kg/m³)	26	0.220	3.590	700.0	1 050.0	0.099 8	
混凝土多孔砖(190六孔砖)	27	0.750	7.490	1 450.0	709.4	0.000 0	
木塑板	28	0.250	7.880	1 270.0	1 000.0	0.000 0	
酚醛泡沫板	29	0.024	0.430	62.5	1 507.0	0.000 0	
半硬质矿（岩）棉板（ρ=100～180 kg/m³）	31	0.048	0.770	140.0	1 213.0	0.000 0	

4）体形系数

外表面积/m²	建筑体积/m³	体形系数
3 132.95	11 607.15	0.27

5）窗墙比

（1）窗墙比

朝向	窗面积/m²	墙面积/m²	窗墙比
东向	64.80	511.68	0.13
西向	64.80	511.68	0.13
南向	300.24	806.55	0.37
北向	188.16	806.51	0.23
平均	618.00	2 636.43	0.23

（2）外窗表

朝向	编号	尺寸	楼层	数量	单个面积/m²	合计面积/m²
东向 64.80°	C0915	0.90×1.50	1～8	16	1.35	21.60
	C3018	3.00×1.80	1～8	8	5.40	43.20
西向 64.80°	C0915	0.90×1.50	1～8	16	1.35	21.60
	C3018	3.00×1.80	1～8	8	5.40	43.20
南向 300.24°	C1515	1.50×1.50	1～8	16	2.25	36.00
	C1818	1.80×1.80	1～8	16	3.24	51.84
	C7418	7.38×1.80	1～8	16	13.28	212.40
北向 188.16°	C0915	0.90×1.50	1～8	16	1.35	21.60
	C1212	1.20×1.20	1～9	34	1.44	48.96
	C1815	1.80×1.50	1～8	16	2.70	43.20
	C3115	3.10×1.50	1～8	16	4.65	74.40

6）屋顶构造

材料名称（由外到内）	材料编码	序号	厚度 δ/mm	导热系数 λ/(W·m⁻²·K⁻¹)	蓄热系数 S/(W·m⁻²·K⁻¹)	修正系数 α	热阻 R/(m²·K·W⁻¹)	热惰性指标 D=RS
碎石、卵石混凝土（ρ=2 300 kg/m³）	10	1	40	1.510	15.360	1.00	0.026	0.407
挤塑聚苯板（ρ=25～32 kg/m³）	22	2	60	0.030	0.320	1.20	1.667	0.640

续表

材料名称 （由外到内）	材料编码	序号	厚度δ/mm	导热系数λ/(W·m⁻²·K⁻¹)	蓄热系数S/(W·m⁻²·K⁻¹)	修正系数α	热阻R/(m²·K·W⁻¹)	热惰性指标D=RS
水泥砂浆	1	3	20	0.930	11.370	1.00	0.022	0.245
加气混凝土、泡沫混凝土（ρ=700 kg/m³）	26	4	80	0.220	3.590	1.00	0.364	1.305
钢筋混凝土	4	5	120	1.740	17.200	1.00	0.069	1.186
石灰砂浆	18	6	20	0.810	10.070	1.00	0.025	0.249
各层之和∑			340				2.172	4.032
外表面太阳辐射吸收系数	0.75（默认）							
传热系数 $K=1/(0.16+\sum R)$	0.43							
修正后 K，D	$K=0.43$，$D=4.03$							
修正原因								
标准依据	《〈夏热冬暖地区居住建筑节能设计标准〉广东省实施细则》第5.0.1条							
标准要求	……综合评价的建筑……屋顶传热系数仍然要满足第4章的要求，即 $K\leqslant1.0$							
结论	满足							

7）外墙构造

材料名称 （由外到内）	材料编码	序号	厚度δ/mm	导热系数λ/(W·m⁻²·K⁻²)	蓄热系数S/(W·m⁻²·K⁻¹)	修正系数α	热阻R/(m²·K·W⁻¹)	热惰性指标D=RS
木塑板	28	1	15	0.250	7.880	1.00	0.060	0.473
酚醛泡沫板	29	2	30	0.024	0.430	1.00	1.250	0.538
木塑板	28	3	10	0.250	7.880	1.00	0.040	0.315
酚醛泡沫板	29	4	70	0.024	0.430	1.00	2.917	1.254
木塑板	28	5	10	0.250	7.880	1.00	0.040	0.315

续表

材料名称 （由外到内）	材料 编码	序 号	厚度 δ/ mm	导热 系数 λ/ (W·m⁻²· K⁻²)	蓄热系数 S/ (W·m⁻²· K⁻¹)	修正系 数 α	热阻 R/ (m²·K· W⁻¹)	热惰性 指标 D=RS
酚醛泡沫板	29	6	30	0.024	0.430	1.00	1.250	0.538
木塑板	28	7	15	0.250	7.880	1.00	0.060	0.473
各层之和 $\sum$			180				6.370	3.905
外表面太阳 辐射吸收系数	0.75（默认）							
传热系数 $K = 1/(0.16+\sum R)$	0.15							
标准依据	《〈夏热冬暖地区居住建筑节能设计标准〉广东省实施细则》第 4.1.6 条							
标准要求	……综合评价的建筑……热惰性指标小于 2.5 的墙体，其传热系数仍然要满足第 4 章的要求，即 $D \geqslant 2.5$ 或 $K \leqslant 0.7$							
结论	满足							

8）外窗热工

序号	构造名称	构造编号	传热系数	自遮阳系数	可见光透射比	备注
1	6 mm 透明玻璃＋16 mm 空气＋6 mm 透明玻璃—塑料（木）窗框	18	2.60	0.65	0.800	

9）外遮阳类型

（1）平板遮阳

如图 5.9 所示。

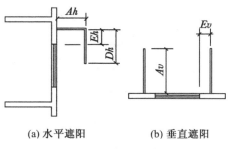

(a) 水平遮阳　　(b) 垂直遮阳

图 5.9　平板遮阳类型

序号	编号	水平挑出 Ah/m	距离上沿 Eh/m	垂直挑出 Av/m	距离边沿 Ev/m	挡板高 Dh/m	挡板构造透射比 η*
1	平板遮阳0	0.500	0.000	0.000	0.000	0.000	0.000

（2）平均遮阳系数

① 东向

序号	门窗编号	楼层	数量	单个面积/m²	总面积/m²	构造编号	自遮阳系数	外遮阳编号	夏季外遮阳系数	夏季综合遮阳系数
1	C0915	1～8	16	1.350	21.600	18	0.650	平板遮阳0	0.822	0.534
2	C3018	1～8	8	5.400	43.200	18	0.650	平板遮阳0	0.846	0.550
朝向总面积/m²					64.800	朝向综合遮阳系数			0.838	0.545

② 西向

序号	门窗编号	楼层	数量	单个面积/m²	总面积/m²	构造编号	自遮阳系数	外遮阳编号	外遮阳系数	综合遮阳系数
1	C0915	1～8	16	1.350	21.600	18	0.650	平板遮阳0	0.889	0.578
2	C3018	1～8	8	5.400	43.200	18	0.650	平板遮阳0	0.904	0.588
朝向总面积/m²					64.800	朝向综合遮阳系数			0.899	0.584

③ 南向

序号	门窗编号	楼层	数量	单个面积/m²	总面积/m²	构造编号	自遮阳系数	外遮阳编号	外遮阳系数	综合遮阳系数
1	C1515	1～8	16	2.250	36.000	18	0.650	平板遮阳0	0.822	0.534
2	C1818	1～8	16	3.240	51.840	18	0.650	平板遮阳0	0.846	0.550
3	C7418	1～8	16	13.275	212.400	18	0.650	平板遮阳0	0.846	0.550
朝向总面积/m²					300.240	朝向综合遮阳系数			0.844	0.548

④ 北向

序号	门窗编号	楼层	数量	单个面积/m²	总面积/m²	构造编号	自遮阳系数	外遮阳编号	外遮阳系数	综合遮阳系数
1	C0915	1~8	16	1.350	21.600	18	0.650		1.000	0.650
2	C1212	1~9	34	1.440	48.960	18	0.650		1.000	0.650
3	C1815	1~8	16	2.700	43.200	18	0.650		1.000	0.650
4	C3115	1~8	16	4.650	74.400	18	0.650		1.000	0.650
朝向总面积/m²					188.160	朝向综合遮阳系数			1.000	0.650

⑤ 平均遮阳系数

$$S_W = \frac{b_E \cdot A_E \cdot S_{W \cdot E} + b_S \cdot A_S \cdot S_{W \cdot S} + b_W \cdot A_W \cdot S_{W \cdot W} + b_N \cdot A_N \cdot S_{W \cdot N}}{b_E \cdot A_E + b_S \cdot A_S + b_W \cdot A_W + b_N \cdot A_N}$$

$$= 0.581$$

朝向	面积/m²	权重系数 b	遮阳系数
东向	64.800	1.25	0.545
西向	64.800	1.25	0.584
南向	300.240	0.90	0.548
北向	188.160	0.90	0.650
整个建筑平均遮阳系数		0.581	

10) 可开启面积

楼层	房间编号	房间面积/m²	门窗编号	门窗面积/m²	开启比例	门窗类型	透光面积/房间面积	开启面积/房间面积	门窗开启比	幕墙开启比	结论
2	1003（最不利房间）	74.44	C0915	1.35	0.45	外窗	0.02	0.01	0.45		满足
标准依据	《〈夏热冬暖地区居住建筑节能设计标准〉广东省实施细则》第 4.1.10 条										
标准要求	可开启面积不小于地面积的 8% 或窗面积的 45%										
结论	满足										

11）隔热检查

序号	构造名称	构造类型	朝向	传热系数	热惰性指标	面积/m²	内表最高温度/℃	结论
1	外墙构造一	外墙	东	0.15	3.63	444.99	34.62	满足
2	外墙构造一	外墙	西	0.15	3.63	444.99	35.04	满足
3	屋顶构造一	屋顶	上	0.43	4.03	465.63	34.45	满足
标准依据	《〈夏热冬暖地区居住建筑节能设计标准〉广东省实施细则》第 4.1.6 条和《民用建筑热工设计规范》第 5.1.1 条							
标准要求	内表面温度不超过限值 35.60 ℃							
结论	满足							

12）外窗气密性

层数	1～9 层	10 层以上
最不利气密性等级	6 级　C0915	
外窗气密性措施		
标准依据	《〈夏热冬暖地区居住建筑节能设计标准〉广东省实施细则》第 4.1.11 条,分级与检测方法《建筑外门窗气密、水密、抗风压性能分级及检测方法》	《〈夏热冬暖地区居住建筑节能设计标准〉广东省实施细则》第 4.1.11 条,分级与检测方法《建筑外门窗气密、水密、抗风压性能分级及检测方法》
标准要求	1～9 层外窗气密性不应低于《建筑外门窗气密、水密、抗风压性能分级及检测方法》的 4 级,即《建筑外窗气密性能分级及其检测方法》的 3 级	10 层以及 10 层以上外窗气密性不应低于《建筑外门窗气密、水密、抗风压性能分级及检测方法》的 6 级,即《建筑外窗气密性能分级及检测方法》的 4 级
是否符合标准要求	满足	

13）综合权衡

（1）计算条件

	参照建筑	设计建筑
屋顶传热系数 $K/(W \cdot m^{-2} \cdot K^{-1})$	1.00	0.43
外墙（包括非透明幕墙）传热系数 $K/(W \cdot m^{-2} \cdot K^{-1})$	1.50	0.15

	参照建筑	设计建筑
天窗传热系数 $K/(\mathrm{W}\cdot\mathrm{m}^{-2}\cdot\mathrm{K}^{-1})$		
天窗遮阳系数		
底面接触室外的架空或外挑楼板传热系数 $K/(\mathrm{W}\cdot\mathrm{m}^{-2}\cdot\mathrm{K}^{-1})$		
外墙表面辐射吸收系数 ρ	0.70	0.75
屋顶外表面辐射吸收系数 ρ	0.70	0.75

	朝向	窗墙比	传热系数	遮阳系数	窗墙比	传热系数	遮阳系数
外窗（包括透明幕墙）	东向	0.13	2.60	0.80	0.13	2.60	0.54
	南向	0.37	2.60	0.80	0.37	2.60	0.55
	西向	0.13	2.60	0.80	0.13	2.60	0.58
	北向	0.23	2.60	0.80	0.23	2.60	0.65
	平均	0.23	2.60	0.80	0.23	2.60	0.58
其他计算条件	夏季室内计算温度 26 ℃ 换气次数 1 空调能效比 2.7						

（2）计算结果

	设计建筑	参照建筑
空调耗电指数	29.42	47.27
标准依据	《〈夏热冬暖地区居住建筑节能设计标准〉广东省实施细则》第5.0.1条	
标准要求	设计建筑的能耗不得超过参照建筑的能耗	
结论	满足	

14）结论

序号	检查项	结论
1	天窗类型	无
2	屋顶构造	满足

序号	检查项	结论
3	外墙构造	满足
4	可开启面积	满足
5	隔热检查	满足
6	外窗气密性	满足
7	综合权衡	满足
结论		满足

注：节能率计算公式为

$$节能率＝1-\frac{实际建筑能耗}{能耗限值/(1-65\%)}$$

该工程的节能率为 $1-29.42/[47.27/(1-65\%)]=78.2\%$。

5.2.5 节能分析结论

(1) 本章开发的木塑新型节能整体式外挂墙板应用于寒冷地区时，在保证其他构件节能效果和施工质量前提下，节能率可达 75.7%，大于 65% 的预设要求。

(2) 本章开发的木塑新型节能整体式外挂墙板应用于夏热冬冷地区时，在保证其他构件节能效果和施工质量前提下，节能率可达 75.3%，大于 65% 的预设要求。

(3) 本章开发的木塑新型节能整体式外挂墙板应用于夏热冬暖地区时，在保证其他构件节能效果和施工质量前提下，节能率可达 78.2%，大于 65% 的预设要求。

5.3 节能外挂墙板吊挂力试验及吊挂节点设计

对于本章外墙体系，需要解决的不仅是连接件的问题，对于其他的节点应具有相配套的连接方式。本节主要将对木塑外墙板的吊挂方式及吊挂力大小进行研究，针对 3 种不同的吊挂方式进行吊挂力试验，通过试验比较得出最优的吊挂方式，并对吊挂节点进行设计。

5.3.1 吊挂力试验

1. 试验目的

测出不同吊挂方式下木塑板的吊挂承载力。

2. 试验设备与工具

固定支架、钢管、螺栓、自攻钉、螺丝刀、砝码。

3. 试验过程

(1) 根据建筑隔墙用轻质条板标准(GB/T 23451—2009)，取试验条板

3块,安装在固定支架上,在板高1 200 mm处,分别安装自攻螺钉,吊挂力试验方案如图5.10所示。第一块墙板自攻钉采用M4×25,螺钉直接钉在墙板上。第二块墙板自攻钉采用M5×35,由于墙板壁厚15 mm,墙板为空心填充酚醛树脂泡沫,为方便试验暂不考虑酚醛树脂泡沫,将尺寸为40 mm×40 mm×20 mm的木垫块置于木塑板背面,再将螺钉穿透木塑板钉在木垫块上。第三块板采用厚20 mm的U形钢卡,在板上切40 mm×20 mm的洞口,将U形钢卡放入并卡在木塑板板壁上。24 h后检查吊挂件是否牢固,如出现松动则需要重新安装。

(2)将试验条板固定,如图5.10和图5.11所示。

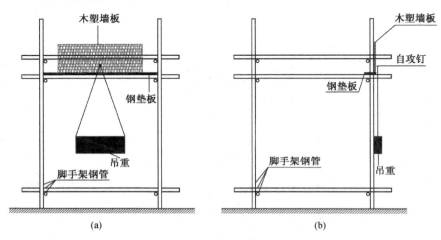

图5.10 吊挂力试验方案

(3)加载过程:分别通过自攻钉和U形钢卡分级施加荷载。吊重通过粗铁丝挂在自攻钉和U形钢卡上。

图5.11 吊挂力试验设施

第一块板加载200 N,静置2 min。第二块板继续加载50 N,静置24 h,如图5.12和图5.13所示,观察吊挂区周围有无裂缝。第三块板继续加载50 N,

静置 24 h,观察到自攻钉向下倾斜。加载后自攻钉如图 5.14 和图 5.15 所示。

图 5.12　加载装置

图 5.13　加载前的自攻钉

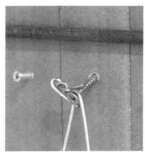

（a）　　　　　　　　　　　　　　　　　（b）

图 5.14　加载后的自攻钉

图 5.15　加载破坏后的情况

5.3.2　试验结果

通过以上试验可以得出在不同吊挂方式下板的吊挂力(见表 5.1)。

表 5.1　不同吊挂方式下的板的允许吊挂力

吊挂方式	自攻钉 M4×25	带垫块的自攻钉 M5×35	U 形钢卡
吊挂力/N	400	600	200

5.3.3　吊挂节点设计

由吊挂力试验结果得出,采用带垫块的自攻钉的吊挂方式吊挂力最大,可以吊挂 60 kg 的重物;采用自攻钉的吊挂方式的吊挂力次之,可以吊挂 40 kg 的重物;采用 U 形钢卡的吊挂方式的吊挂力最小,可以吊挂 20 kg 的重物。但有垫块的自攻钉吊挂方式的安装在实际应用中无法实施,U 形钢卡的吊挂力太小,所以考虑安装方便和吊挂力大小的影响,采用自攻钉比较合适。自攻钉材料的选择比较简单、方便,可以根据不同的吊挂力选择不同型号的自攻钉,同时,自攻螺钉的安装简单,故在设计木塑外墙板的吊挂节点时采用自攻钉,吊挂节点图如图 5.16 所示,图 5.16 中的①②可以吊挂 40 kg 以内的重物。

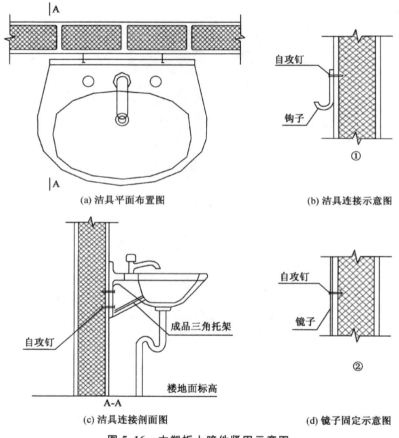

(a) 洁具平面布置图　　　　　　　　　　(b) 洁具连接示意图

(c) 洁具连接剖面图　　　　　　　　　　(d) 镜子固定示意图

图 5.16　木塑板上暗件紧固示意图

如果木塑外墙板上需要吊挂更大重量的重物,采用自攻钉不能满足要求时,就需要考虑其他的吊挂方式,如可以采用多点受力,将吊挂物的重量分散到几个自攻钉上,或者可以将重物荷载直接传到钢框架上,避免墙板直接受力。

6 钢结构新型节能整体式外挂墙板图集

6.1 节能整体式外挂墙板应用说明

6.1.1 总体说明

1. 编制依据

(1)《房屋建筑制图统一标准》(GB/T 50001—2010)

(2)《建筑设计防火规范》(GB 50016—2014)

(3)《建筑隔墙用轻质条板》(JG/T 169—2005)

(4)《夏热冬冷地区居住建筑节能设计标准》(JGJ 134—2010)

(5)《民用建筑工程室内环境污染控制规范》(GB 50325—2010)

(6)《建筑装饰装修工程质量验收统一标准》(GB 50201—2001)

(7)《建筑工程施工质量验收统一标准》(GB 50300—2013)

(8)《建筑材料放射性核素限量》(GB 6566—2010)

(9)《饰面型防火涂料》(GB 12441—2005)

2. 概述

1) 优点

本图集塑木保温防火型外挂墙板具有重量轻、强度高、防火、隔声、防辐射、可加工、施工方便等优点。

2) 塑木保温防火型外挂墙板

(1) 板材

以锯末、麦秸、稻草、玉米秆等植物秸秆或废旧木材为基础材料与热塑性高分子材料(塑料)和阻燃剂等加工助剂等,混合均匀后再经模具设备加热挤出成型而制成的空心新型复合材料墙板。

(2) 夹心层

在墙板空心部分加注的酚醛泡沫塑料,是一种新型难燃、防火低烟保温材料,它是由酚醛树脂加入阻燃剂、抑烟剂、发泡剂、固化剂及其他助剂制成的闭孔硬质泡沫塑料。

（3）饰面型防火涂料

选择膨胀型废聚苯乙烯乳液饰面型防火涂料喷涂于塑木保温防火型外挂墙面。

3．适用范围

本图集适用于新建、改造、扩建钢结构公共建筑和居住建筑工程中的非承重外墙、内隔墙、内部隔断；钢框架结构内填充墙；连接节点做相应简单修改后可以用于混凝土结构外墙、内部隔断、内填充墙等处。

当使用本图集墙板时，在进行建筑设计时，外墙的轴线统一选取柱外边缘处。

凡未注明墙板高度均为 3 000 mm，本图集墙板可为 2 700，2 800，2 900，3 000 mm，凡高度为 2 700，2 800，2 900 mm 的需要在建筑施工图纸施工说明中注明。

门窗洞口宽度应满足 3 M 的模数要求。

4．设计要求

1）隔声

墙体厚度应满足建筑隔声功能要求，分户墙的空气声计权隔声量应不小于45 dB，宜做双排板的间距一般为 10～50 mm，作为空气隔声层或填入吸声材料，如玻璃棉、岩棉等。墙板用于分户墙时，所选用条板的厚度不宜小于120 mm。分室墙空气声计权隔声量应不小于 35 dB。条板用做户内分室隔墙时，其厚度不宜小于 90 mm。

2）防火

设计应采用双层板隔墙构造，可按本图集中所列条板的防火性能选用。

3）抗震

在非抗震地区，墙体与主体结构、顶板和地面连接采用刚性连接方法；在抗震高防烈度 8 度和 8 度以下地区采用刚性与柔性结合的方法连接固定。

4）防潮防水

在潮湿环境下安装墙板，墙体设计应有防潮及防水措施；沿隔墙设计水池、水箱面盆等设备时，墙面应做涂刷防水涂料等防水设计。

5）电气设计

电气线路可作明线设计，布置于墙面。亦可作暗线设计，利用隔墙板孔敷设线路，开关及插座可做相应设计或暗装设计。

6）吊挂

隔墙板需要吊挂重物，应根据使用要求设计埋件，设计吊挂点的间距应不小于 200 mm，单点吊挂力应不大于 500 N。

7）门窗框板安装

位于门、窗框和顶部的门框板、窗框板过梁板应不小于 30 mm 实心。门窗框板为在工厂预制定型的洞口侧板。

8）保温

本章所述墙板可以广泛用于整体节能效果不大于 65％的地区，但建议采用断桥三层中空玻璃窗。

5．使用要求

1）基本要求

设计选用产品时，应确认墙板产品已通过相关建设主管部门的验收并准许批量生产和应用。生产企业应出示近期的检测报告，必要时可要求见证取样检测。墙板生产企业应建立完善、有效的质检体系，能够全过程控制原材料采购、生产、墙板安装各个环节。

2）墙板安装

安装墙板前，应根据工程设计及现场条件做好排板图，按图施工、安装。

3）防盗要求

防盗要求标准高的建筑，低层不宜采用本墙板。如必须使用，则应采取防护、加固措施。

6.1.2　墙板板型与连接件

1．墙板板型

1）无洞口墙板板型

木塑板板型如图 6.1 所示，木塑龙骨（隐藏式）构造如图 6.2 所示。

无洞口墙板螺栓连接及焊缝连接使用的连接件最终方案分别如图 6.3 和图 6.4 所示。

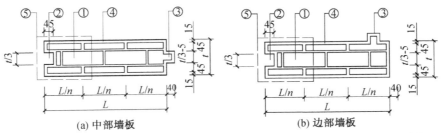

(a) 中部墙板　　　　　　　　　　(b) 边部墙板

① 空心部分填充酚醛泡沫保温层；② 凹企口；③ 凸企口；④ 塑木板；⑤ 暗柱

图 6.1　木塑板板型

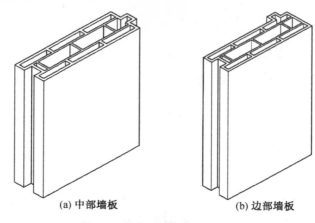

(a) 中部墙板　　　　(b) 边部墙板

图 6.2　木塑龙骨(隐藏式)构造

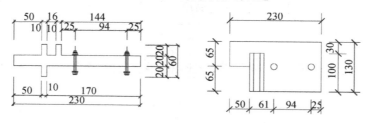

图 6.3　螺栓连接件定型尺寸(4.6 级 M16 普通螺栓)

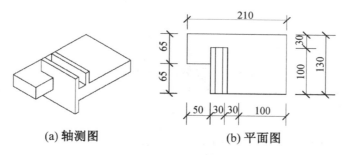

(a) 轴测图　　　　(b) 平面图

图 6.4　焊缝连接件及焊缝形式与尺寸

2) 无洞口中部墙板规格尺寸(厚度 150 mm)

　详见表 6.1。

3) 无洞口中部墙板规格尺寸(厚度 180 mm)

　详见表 6.2。

4) 内外墙连接处外墙板规格尺寸(厚度 150 mm)

　详见表 6.3。

5) 内外墙连接处外墙板规格尺寸(厚度 180 mm)

　详见表 6.4。

表 6.1 无洞口中部墙板规格尺寸(厚度 150 mm)

mm

板长\板宽	600	700	900	1 200	1 500	1 800	2 100	2 400	2 700	3 000	3 300	3 600	3 900	连接回槽	连接凸头	壁厚
2 600	WB0626	WB0726	WB0926	WB1226	WB1526	WB1826	WB2126	WB2426	WB2726	WB3026	WB3326	WB3626	WB3926	长65	长55	15
型号														宽45	宽40	
2 700	WB0627	WB0727	WB0927	WB1227	WB1527	WB1827	WB2127	WB2427	WB2727	WB3027	WB3327	WB3627	WB3927	长65	长55	
型号														宽45	宽40	
2 800	WB0628	WB0728	WB0928	WB1228	WB1528	WB1828	WB2128	WB2428	WB2728	WB3028	WB3328	WB3628	WB3928	长65	长55	
型号														宽45	宽40	
2 900	WB0629	WB0729	WB0929	WB1229	WB1529	WB1829	WB2129	WB2429	WB2729	WB3029	WB3329	WB3629	WB3929	长65	长55	
型号														宽45	宽40	
3 000	WB0630	WB0730	WB0930	WB1230	WB1530	WB1830	WB2130	WB2430	WB2730	WB3030	WB3330	WB3630	WB3930	长65	长55	
型号														宽45	宽40	
连接件数目/个	2	3	3	4	5	6	7	8	9	10	11	12	13			

表 6.2　无洞口中部墙板规格尺寸（厚度 180 mm）

mm

板长＼板宽	600	700	900	1 200	1 500	1 800	2 100	2 400	2 700	3 000	3 300	3 600	3 900	连接凹槽 长 65	宽 45	连接凸头 长 55	宽 40	壁厚
2 600 型号	WH0626	WH0726	WH0926	WH1226	WH1526	WH1826	WH2126	WH2426	WH2726	WH3026	WH3326	WH3626	WH3926	65	45	55	40	15
2 700 型号	WH0627	WH0727	WH0927	WH1227	WH1527	WH1827	WH2127	WH2427	WH2727	WH3027	WH3327	WH3627	WH3927	65	45	55	40	
2 800 型号	WH0628	WH0728	WH0928	WH1228	WH1528	WH1828	WH2128	WH2428	WH2728	WH3028	WH3328	WH3628	WH3928	65	45	55	40	
2 900 型号	WH0629	WH0729	WH0929	WH1229	WH1529	WH1829	WH2129	WH2429	WH2729	WH3029	WH3329	WH3629	WH3929	65	45	55	40	
3 000 型号	WH0630	WH0730	WH0930	WH1230	WH1530	WH1830	WH2130	WH2430	WH2730	WH3030	WH3330	WH3630	WH3930	65	45	55	40	
连接件数目/个	2	3	3	4	5	6	7	8	9	10	11	12	13					

表 6.3　内外墙连接处外墙板规格尺寸（厚度 150 mm）

mm

板宽／板长	600	700	900	1200	凹凸连接	连接凹槽		连接凸头		壁厚
2 600 型号	WB0626T	WB0726T	WB0926T	WB1226T		长 65	宽 45	长 55	宽 40	15
2 700 型号	WB0627T	WB0727T	WB0927T	WB1227T		长 65	宽 45	长 55	宽 40	
2 800 型号	WB0628T	WB0728T	WB0928T	WB1228T		长 65	宽 45	长 55	宽 40	
2 900 型号	WB0629T	WB0729T	WB0929T	WB1229T		长 65	宽 45	长 55	宽 40	
3 000 型号	WB0630T	WB0730T	WB0930T	WB1230T		长 65	宽 45	长 55	宽 40	
连接件数目／个	2	3	3	4						

表 6.4　内外墙连接处外墙板规格尺寸（厚度 180 mm）

板宽 板长	600	700	900	1200	凹凸连接	连接凹槽		连接凸头		壁厚 mm
						长	宽	长	宽	
2 600 型号	WH0626A	WH0726A	WH0926A	WH1226A		65	45	55	40	
2 700 型号	WH0627A	WH0727A	WH0927A	WH1227A		65	45	55	40	
2 800 型号	WH0628A	WH0728A	WH0928A	WH1228A		65	45	55	40	15
2 900 型号	WH0629A	WH0729A	WH0929A	WH1229A		65	45	55	40	
3 000 型号	WH0630A	WH0730A	WH0930A	WH1230A		65	45	55	40	
连接件 数目/个	2	3	3	4						

6）带洞口墙板板型

带洞口墙板板型与无洞口墙板板型相同，不过其墙板长度较小，分别用于建筑门窗的上部和下部，相应的与主体钢结构之间的连接不再采用图 6.3 和图 6.4 所示的连接件，而是采用图 6.5 所示的连接件。连接件与主体钢结构间采用焊接固定，连接件兼起门窗过梁的作用。但需要注意，如果是底层的门洞口，洞口下部连接件需要进行防锈蚀处理，建议采用不锈钢连接件。

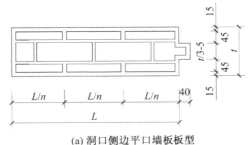

(a) 洞口侧边平口墙板板型

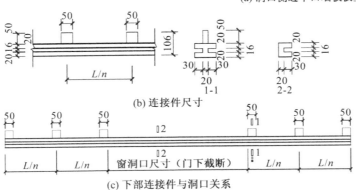

(b) 连接件尺寸

(c) 下部连接件与洞口关系

图 6.5 带洞口墙板的连接件

7）转角处墙板板型

在建筑物转角处需要设置图 6.6—图 6.8 所示墙板板型与普通墙板配合使用。

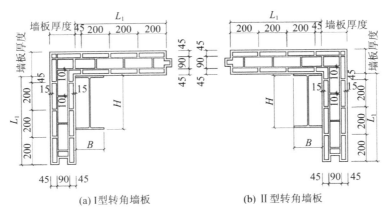

(a) I型转角墙板　　　　　(b) II型转角墙板

图 6.6 转角处墙板板型

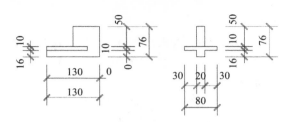

图 6.7 转角处墙板与柱翼缘连接件

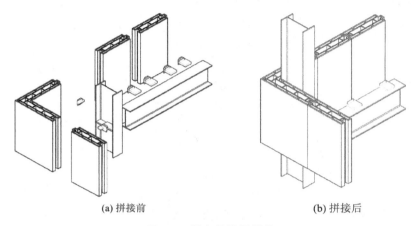

(a) 拼接前   (b) 拼接后

图 6.8 转角处墙板拼接

8）有洞口中部墙板规格尺寸（厚度 150 mm）

详见表 6.5。

9）有洞口中部墙板规格尺寸（厚度 180 mm）

详见表 6.6。

10）转角处墙板规格尺寸（Ⅰ型；厚度 150,180 mm；长度 2 600,2 700, 2 800,2 900,3 000 mm）

详见表 6.7。

11）转角处墙板规格尺寸（Ⅱ型；厚度 150,180 mm；长度 2 600,2 700, 2 800,2 900,3 000 mm）

详见表 6.8。

12）洞口侧边平口墙板规格尺寸（厚度 150 mm）

详见表 6.9。

13）洞口侧边平口墙板规格尺寸（厚度 180 mm）

详见表 6.10。

14）带管线槽中部墙板规格尺寸

详见表 6.11。

表6.5 有洞口中部墙板规格尺寸（厚度150 mm）

mm

板宽\板长	600	700	900	1 200	1 500	1 800	2 100	2 400	2 700	3 000	3 300	3 600	3 900	连接回槽	连接凸头	壁厚
300 型号	DB0603	DB0703	DB0903	DB1203	DB1503	DB1803	DB2103	DB2403	DB2703	DB3003	DB3303	DB3603	DB3903	长65 宽45	长55 宽40	
400 型号	DB0604	DB0704	DB0904	DB1204	DB1504	DB1804	DB2104	DB2404	DB2704	DB3004	DB3304	DB3604	DB3904	长65 宽45	长55 宽40	
500 型号	DB0605	DB0705	DB0905	DB1205	DB1505	DB1805	DB2105	DB2405	DB2705	DB3005	DB3305	DB3605	DB3905	长65 宽45	长55 宽40	
600 型号	DB0606	DB0706	DB0906	DB1206	DB1506	DB1806	DB2106	DB2406	DB2706	DB3006	DB3306	DB3606	DB3906	长65 宽45	长55 宽40	
700 型号	DB0607	DB0707	DB0907	DB1207	DB1507	DB1807	DB2107	DB2407	DB2707	DB3007	DB3307	DB3607	DB3907	长65 宽45	长55 宽40	15
800 型号	DB0608	DB0708	DB0908	DB1208	DB1508	DB1808	DB2108	DB2408	DB2708	DB3008	DB3308	DB3608	DB3908	长65 宽45	长55 宽40	
900 型号	DB0609	DB0709	DB0909	DB1209	DB1509	DB1809	DB2109	DB2409	DB2709	DB3009	DB3309	DB3609	DB3909	长65 宽45	长55 宽40	
1 000 型号	DB0610	DB0710	DB0910	DB1210	DB1510	DB1810	DB2110	DB2410	DB2710	DB3010	DB3310	DB3610	DB3910	长65 宽45	长55 宽40	
1 100 型号	DB0611	DB0711	DB0911	DB1211	DB1511	DB1811	DB2111	DB2411	DB2711	DB3011	DB3311	DB3611	DB3911	长65 宽45	长55 宽40	
1 200 型号	DB0612	DB0712	DB0912	DB1212	DB1512	DB1812	DB2112	DB2412	DB2712	DB3012	DB3312	DB3612	DB3912	长65 宽45	长55 宽40	
连接件								通长布置								

表 6.6　有洞口中部墙板规格尺寸(厚度 180 mm)

单位：mm

板宽\板长		600	700	900	1 200	1 500	1 800	2 100	2 400	2 700	3 000	3 300	3 600	3 900	连接凹槽	连接凸头	壁厚
300	型号	DH0603	DH0703	DH0903	DH1203	DH1503	DH1803	DH2103	DH2403	DH2703	DH3003	DH3303	DH3603	DH3903	长65 宽45	长55 宽40	15
400	型号	DH0604	DH0704	DH0904	DH1204	DH1504	DH1804	DH2104	DH2404	DH2704	DH3004	DH3304	DH3604	DH3904	长65 宽45	长55 宽40	
500	型号	DH0605	DH0705	DH0905	DH1205	DH1505	DH1805	DH2105	DH2405	DH2705	DH3005	DH3305	DH3605	DH3905	长65 宽45	长55 宽40	
600	型号	DH0606	DH0706	DH0906	DH1206	DH1506	DH1806	DH2106	DH2406	DH2706	DH3006	DH3306	DH3606	DH3906	长65 宽45	长55 宽40	
700	型号	DH0607	DH0707	DH0907	DH1207	DH1507	DH1807	DH2107	DH2407	DH2707	DH3007	DH3307	DH3607	DH3907	长65 宽45	长55 宽40	
800	型号	DH0608	DH0708	DH0908	DH1208	DH1508	DH1808	DH2108	DH2408	DH2708	DH3008	DH3308	DH3608	DH3908	长65 宽45	长55 宽40	
900	型号	DH0609	DH0709	DH0909	DH1209	DH1509	DH1809	DH2109	DH2409	DH2709	DH3009	DH3309	DH3609	DH3909	长65 宽45	长55 宽40	
1 000	型号	DH0610	DH0710	DH0910	DH1210	DH1510	DH1810	DH2110	DH2410	DH2710	DH3010	DH3310	DH3610	DH3910	长65 宽45	长55 宽40	
1 100	型号	DH0611	DH0711	DH0911	DH1211	DH1511	DH1811	DH2111	DH2411	DH2711	DH3011	DH3311	DH3611	DH3911	长65 宽45	长55 宽40	
1 200	型号	DH0612	DH0712	DH0912	DH1212	DH1512	DH1812	DH2112	DH2412	DH2712	DH3012	DH3312	DH3612	DH3912	长65 宽45	长55 宽40	
连接件											通长布置						

表 6.7　转角处墙板规格尺寸（Ⅰ型）

mm

L₁ / L₂		200	250	300	350	400	450	500	550	600	连接凹槽		连接凸头		壁厚
200	型号	IJ2020	IJ2520	IJ3020	IJ3520	IJ4020	IJ4520	IJ5020	IJ5520	IJ6020	长 65		长 55		
	连接件数目/个	1+1	1+1	2+1	2+1	2+1	3+1	3+1	3+1	3+1	宽 45		宽 40		
250	型号	IJ2025	IJ2525	IJ3025	IJ3525	IJ4025	IJ4525	IJ5025	IJ5525	IJ6025	长 65		长 55		
	连接件数目/个	1+1	1+1	2+1	2+1	2+1	3+1	3+1	3+1	3+1	宽 45		宽 40		15
300	型号	IJ2030	IJ2530	IJ3030	IJ3530	IJ4030	IJ4530	IJ5030	IJ5530	IJ6030	长 65		长 55		
	连接件数目/个	1+2	1+2	2+2	2+2	2+2	3+2	3+2	3+2	3+2	宽 45		宽 40		
350	型号	IJ2035	IJ2535	IJ3035	IJ3535	IJ4035	IJ4535	IJ5035	IJ5535	IJ6035	长 65		长 55		
	连接件数目/个	1+2	1+2	2+2	2+2	2+2	3+2	3+2	3+2	3+2	宽 45		宽 40		
400	型号	IJ2040	IJ2540	IJ3040	IJ3540	IJ4040	IJ4540	IJ5040	IJ5540	IJ6040	长 65		长 55		
	连接件数目/个	1+2	1+2	2+2	2+2	2+2	3+2	3+2	3+2	3+2	宽 45		宽 40		

续表

L_2 \ L_1	200	250	300	350	400	450	500	550	600	连接凹槽		连接凸头		壁厚
450 型号	IJ2045	IJ2545	IJ3045	IJ3545	IJ4045	IJ4545	IJ5045	IJ5545	IJ6045	长	65	长	55	15
连接件数目/个	1+3	1+3	2+3	2+3	2+3	3+3	3+3	3+3	3+3	宽	45	宽	40	
500 型号	IJ2050	IJ2550	IJ3050	IJ3550	IJ4050	IJ4550	IJ5050	IJ5550	IJ6050	长	65	长	55	
连接件数目/个	1+3	1+3	2+3	2+3	2+3	3+3	3+3	3+3	3+3	宽	45	宽	40	
550 型号	IJ2055	IJ2555	IJ3055	IJ3555	IJ4055	IJ4555	IJ5055	IJ5555	IJ6055	长	65	长	55	
连接件数目/个	1+3	1+3	2+3	2+3	2+3	3+3	3+3	3+3	3+3	宽	45	宽	40	
600 型号	IJ2060	IJ2560	IJ3060	IJ3560	IJ4060	IJ4560	IJ5060	IJ5560	IJ6060	长	65	长	55	
连接件数目/个	1+3	1+3	2+3	2+3	2+3	3+3	3+3	3+3	3+3	宽	45	宽	40	

命名规则：IJ4035—B—27 表示选用Ⅰ型转角墙板,板 L_1=400 mm,L_2=350 mm,墙板厚 150 mm,墙板长 2 700 mm；
IJ4035—H—27 表示选用Ⅰ型转角墙板,板 L_1=400 mm,L_2=350 mm,墙板厚 180 mm,墙板长 2 700 mm。

表 6.8　转角处墙板规格尺寸（Ⅱ型）

mm

L_1 ╲ L_2		200	250	300	350	400	450	500	550	600	连接凹槽		连接凸头		壁厚
200	型号	IIJ2020	IIJ2520	IIJ3020	IIJ3520	IIJ4020	IIJ4520	IIJ5020	IIJ5520	IIJ6020	长 65	宽 45	长 55	宽 40	15
	连接件数目/个	1+1	1+1	2+1	2+1	2+1	3+1	3+1	3+1	3+1					
250	型号	IIJ2025	IIJ2525	IIJ3025	IIJ3525	IIJ4025	IIJ4525	IIJ5025	IIJ5525	IIJ6025	长 65	宽 45	长 55	宽 40	
	连接件数目/个	1+1	1+1	2+1	2+1	2+1	3+1	3+1	3+1	3+1					
300	型号	IIJ2030	IIJ2530	IIJ3030	IIJ3530	IIJ4030	IIJ4530	IIJ5030	IIJ5530	IIJ6030	长 65	宽 45	长 55	宽 40	
	连接件数目/个	1+2	1+2	2+2	2+2	2+2	3+2	3+2	3+2	3+2					
350	型号	IIJ2035	IIJ2535	IIJ3035	IIJ3535	IIJ4035	IIJ4535	IIJ5035	IIJ5535	IIJ6035	长 65	宽 45	长 55	宽 40	
	连接件数目/个	1+2	1+2	2+2	2+2	2+2	3+2	3+2	3+2	3+2					
400	型号	IIJ2040	IIJ2540	IIJ3040	IIJ3540	IIJ4040	IIJ4540	IIJ5040	IIJ5540	IIJ6040	长 65	宽 45	长 55	宽 40	
	连接件数目/个	1+2	1+2	2+2	2+2	2+2	3+2	3+2	3+2	3+2					

续表

L_2 \ L_1		200	250	300	350	400	450	500	550	600	连接凹槽		连接凸头		壁厚
											长 65	宽 45	长 55	宽 40	
450	型号	IIJ2045	IIJ2545	IIJ3045	IIJ3545	IIJ4045	IIJ4545	IIJ5045	IIJ5545	IIJ6045					
	连接件数目/个	1+3	1+3	2+3	2+3	2+3	3+3	3+3	3+3	3+3	长 65	宽 45	长 55	宽 40	
500	型号	IIJ2050	IIJ2550	IIJ3050	IIJ3550	IIJ4050	IIJ4550	IIJ5050	IIJ5550	IIJ6050					
	连接件数目/个	1+3	1+3	2+3	2+3	2+3	3+3	3+3	3+3	3+3	长 65	宽 45	长 55	宽 40	15
550	型号	IIJ2055	IIJ2555	IIJ3055	IIJ3555	IIJ4055	IIJ4555	IIJ5055	IIJ5555	IIJ6055					
	连接件数目/个	1+3	1+3	2+3	2+3	2+3	3+3	3+3	3+3	3+3	长 65	宽 45	长 55	宽 40	
600	型号	IIJ2060	IIJ2560	IIJ3060	IIJ3560	IIJ4060	IIJ4560	IIJ5060	IIJ5560	IIJ6060					
	连接件数目/个	1+3	1+3	2+3	2+3	2+3	3+3	3+3	3+3	3+3	长 65	宽 45	长 55	宽 40	

命名规则：IIJ4035—B—27 表示选用 II 型转角墙板，板 $L_1 = 400$ mm，$L_2 = 350$ mm，墙板厚 150 mm，墙板长 2 700 mm；
IIJ4035—H—27 表示选用 II 型转角墙板，板 $L_1 = 400$ mm，$L_2 = 350$ mm，墙板厚 180 mm，墙板长 2 700 mm。

表 6.9 洞口侧边平口墙板规格尺寸(厚度 150 mm)

mm

板长\板宽	300	350	400	450	500	550	600	650	700	750	800	850	900	连接回槽		连接凸头		壁厚
														长	宽	长	宽	
2 600 型号	CB0326	CB0326A	CB0426	CB0426A	CB0526	CB0526A	CB0626	CB0626A	CB0726	CB0726A	CB0826	CB0826A	CB0926	65	45	55	40	15
2 700 型号	CB0327	CB0327A	CB0427	CB0427A	CB0527	CB0527A	CB0627	CB0627A	CB0727	CB0727A	CB0827	CB0827A	CB0927	65	45	55	40	
2 800 型号	CB0328	CB0328A	CB0428	CB0428A	CB0528	CB0528A	CB0628	CB0628A	CB0728	CB0728A	CB0828	CB0828A	CB0928	65	45	55	40	
2 900 型号	CB0329	CB0329A	CB0429	CB0429A	CB0529	CB0529A	CB0629	CB0629A	CB0729	CB0729A	CB0829	CB0829A	CB0929	65	45	55	40	
3 000 型号	CB0330	CB0330A	CB0430	CB0430A	CB0530	CB0530A	CB0630	CB0630A	CB0730	CB0730A	CB0830	CB0830A	CB0930	65	45	55	40	
连接件数目/个	1	2	2	2	2	2	2	3	3	3	3	3	3					

表 6.10　洞口侧边平口墙板规格尺寸（厚度 180 mm）

mm

板宽 板长	300	350	400	450	500	550	600	650	700	750	800	850	900	连接凹槽		连接凸头		壁厚
														长	宽	长	宽	
2 600 型号	CH0326	CH0326A	CH0426	CH0426A	CH0526	CH0526A	CH0626	CH0626A	CH0726	CH0726A	CH0826	CH0826A	CH0926	65	45	55	40	15
2 700 型号	CH0327	CH0327A	CH0427	CH0427A	CH0527	CH0527A	CH0627	CH0627A	CH0727	CH0727A	CH0827	CH0827A	CH0927	65	45	55	40	
2 800 型号	CH0328	CH0328A	CH0428	CH0428A	CH0528	CH0528A	CH0628	CH0628A	CH0728	CH0728A	CH0828	CH0828A	CH0928	65	45	55	40	
2 900 型号	CH0329	CH0329A	CH0429	CH0429A	CH0529	CH0529A	CH0629	CH0629A	CH0729	CH0729A	CH0829	CH0829A	CH0929	65	45	55	40	
3 000 型号	CH0330	CH0330A	CH0430	CH0430A	CH0530	CH0530A	CH0630	CH0630A	CH0730	CH0730A	CH0830	CH0830A	CH0930	65	45	55	40	
连接件数目/个	1	2	2	2	2	2	2	3	3	3	3	3	3					

表6.11 带管线槽中部墙板规格尺寸

mm

板宽 板长	墙板厚 150				墙板厚 180				连接凹槽		连接凸头		壁厚
	300	400	500	600	300	400	500	600	长 65	宽 45	长 55	宽 40	
2 600 型号	CB0326G	CB0426G	CB0526G	CB0626G	CH0326G	CH0426G	CH0526G	CH0626G					15
2 700 型号	CB0327G	CB0427G	CB0527G	CB0627G	CH0327G	CH0427G	CH0527G	CH0627G	长 65	宽 45	长 55	宽 40	
2 800 型号	CB0328G	CB0428G	CB0528G	CB0628G	CH0328G	CH0428G	CH0528G	CH0628G	长 65	宽 45	长 55	宽 40	
2 900 型号	CB0329G	CB0429G	CB0529G	CB0629G	CH0329G	CH0429G	CH0529G	CH0629G	长 65	宽 45	长 55	宽 40	
3 000 型号	CB0330G	CB0430G	CB0530G	CB0630G	CH0330G	CH0430G	CH0530G	CH0630G	长 65	宽 45	长 55	宽 40	
连接件数目/个	2	2	3	3	2	2	3	3					

6.1.3　连接件防火性能说明

本图集所使用连接件均采用热镀锌,现场焊接后需要对焊接部位进行防腐底漆的补涂。

本图集所使用连接件在与钢结构梁或柱连接后,需要进行防腐底漆的补涂,待漆膜干燥硬化后刷涂超薄型防火涂料,其漆膜厚度所达耐火极限分别与其所连接的钢结构梁或柱要求相同。

6.2　节能整体式外挂墙板节点图集

1. 墙身

详见图 6.9。

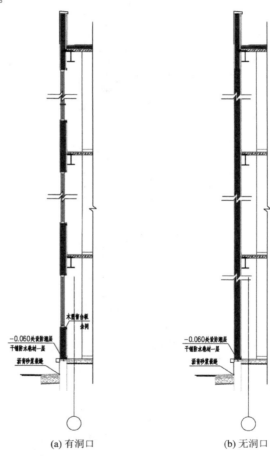

(a) 有洞口　　　　　(b) 无洞口

图 6.9　墙身

2. 转角墙板

详见图 6.10。

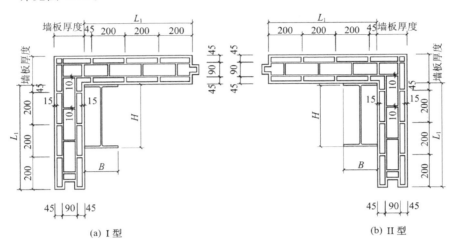

(a) Ⅰ型   (b) Ⅱ型

图 6.10 转角墙板

3. 外墙板拼接

详见图 6.11 和图 6.12。

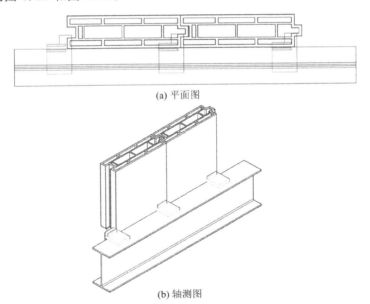

(a) 平面图

(b) 轴测图

图 6.11 无洞口墙板拼接图

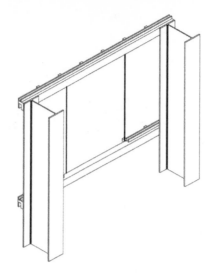

图 6.12 有洞口墙板拼接图

4. 内外墙板拼接

详见图 6.13。

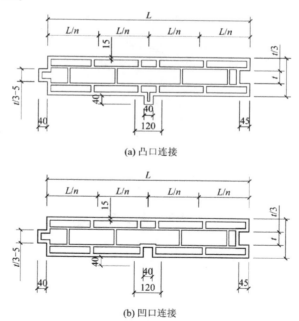

(a) 凸口连接

(b) 凹口连接

图 6.13 内外墙板拼接

5. 连接件

详见图 6.14。

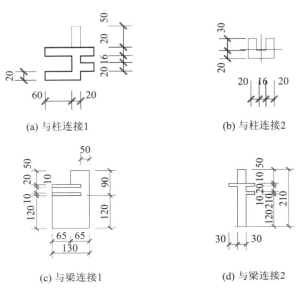

(a) 与柱连接1　　　　　　　　(b) 与柱连接2

(c) 与梁连接1　　　　　　　　(d) 与梁连接2

图 6.14　墙板连接件

6. 内隔墙连接

详见图 6.15。

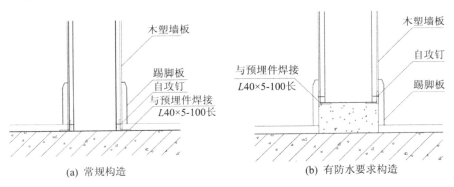

(a) 常规构造　　　　　　　　(b) 有防水要求构造

图 6.15　内隔墙连接

7. 带线槽墙板

详见图 6.16。

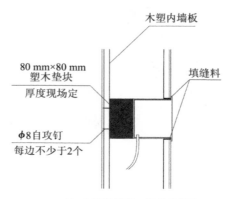

(a) 内墙板插座、开关处构造

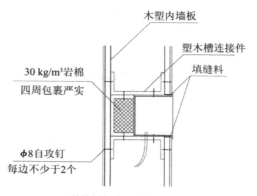

(b) 外墙板插座、开关处构造

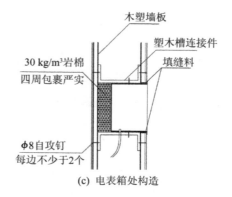

(c) 电表箱处构造

图 6.16 带线槽墙板

8. 管线穿墙板

详见图 6.17。

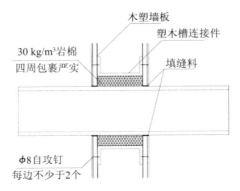

(a) 管线穿墙板构造

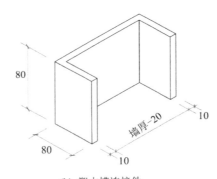

(b) 塑木槽连接件

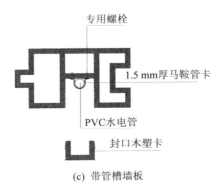

(c) 带管槽墙板

图 6.17　管线穿墙板

9. 重物吊挂

详见图 6.18。

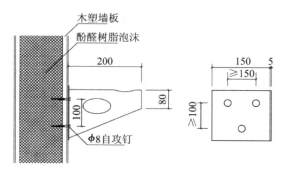

(a) 散热器固定构造

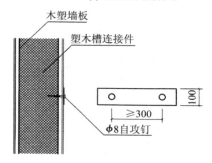

(b) 重物吊挂构造 1

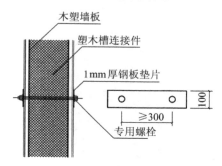

(c) 重物吊挂构造 2

图 6.18　重物吊挂

7 钢结构新型节能整体式外挂墙板施工技术研究

在钢结构中,现场施工也是很重要的方面,墙板的施工也很重要。木塑自保温外墙体系是一种新型的外墙体系,我国现在没有具体的规范可以依靠,故只能参考相关规范及施工方法,对钢框架木塑外墙体系的施工方法、施工技术加以研究。本章将针对木塑自保温外墙体系的施工技术、施工方法进行研究。

7.1 钢结构新型节能整体式外挂墙板的施工技术

7.1.1 施工准备

1. 材料准备

连接件、螺栓、E43 焊条等。

2. 施工机具

撬棍、切割机、角磨机、专用板车、立板夹具、焊枪、电焊机、木工板锯、刷子、吊车等。

3. 排板设计

木塑板在施工排板设计时,宜使墙宽度符合 6 M 的模数。当宽度尺寸不是 600 的倍数时,宜将余量安排在靠钢柱的一侧,而不宜设置于门窗洞口附近。

7.1.2 安装工艺

1. 工艺流程

钢结构新型节能整体式外挂墙板的施工安装工艺流程如图 7.1 所示。

2. 施工工艺

（1）清理

清理地面上的杂质。

（2）放线

在钢梁上根据设计位置弹好墙板边线及连接件位置。

（3）配板

板的长度应按楼层层高减去 2 个连接件厚度，计算并测量窗洞口上部及下部墙板的尺寸，按此尺寸对木塑板进行切割，配置尺寸合适的墙板。

（4）选用安装工具

木塑板安装工具有切割机、专用板车、立板夹具、电焊机或螺栓机。根据不同的连接形式、墙体高度、场地情况等施工情况选用合适的配套机具。

（5）安装连接件和墙板

① 在横梁上根据放线的位置安装连接件，再将木塑板下端卡在连接件上，待木塑板立直后在上一层框架梁上安装连接件，木塑板上端也卡在连接件上，此时木塑板在上、下连接件的作用下已经完全固定好。

② 按已经放线的墙线，由靠墙柱处向外安装，整面墙体排出的不够模数的板靠内侧先安装。

③ 墙板的左右两侧采用企口式连接，同时在企口处涂密封胶、粘密封条进行连接，侧面拼严挤实。

（6）铺设电线管、稳压线盒，安装关卡、埋件将管线按照专业图纸放入墙板空心处。若未在空心处，则用电动机械切割后开凿所需的线管槽及设备埋入墙体洞口，埋入固定后，进行泡沫发泡，以保证较好的保温效果。

（7）安装门窗框

一般采用先留门窗洞口，后安门窗框的方法。

（8）检查验收

① 板墙安装的质量。这是保证墙体稳定性的关键。

② 板墙装饰面的质量。

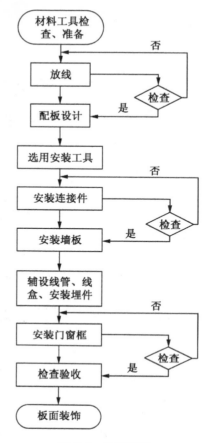

图 7.1　工艺流程

③ 防水或防潮质量。这是保证墙体正常使用的关键。验收标准参见国家有关施工及验收规程。

（9）饰面装饰墙面安装验收合格后直接进行饰面装饰。墙板表面的装饰施工应符合现行《建筑装饰装修工程施工质量验收规范》（GB 50210—2001）的有关规定。

7.1.3　施工验收标准

不同的外墙板的施工验收具有不同的标准，木塑外墙板是一种新型的墙板，设计理论、规范及标准尚未建立，故仅能参考类似的墙体的验收标准进行设计和验收。

1. 尺寸允许偏差

如表 7.1 所示。

表 7.1　木塑外墙板的尺寸允许偏差

项目	允许偏差/mm
长度	±2.5
宽度	±2
厚度	±1
壁厚	±0.5
对角线长度差	≤3
板面平整度	±2

2. 安装允许偏差及检验方法

如表 7.2 所示。

表 7.2　安装允许偏差及检验方法

项目	允许偏差/mm	检验方法
墙体轴线位移	±3	用经纬仪拉线用尺检查
表面平整度	±4	用 2 m 靠尺和楔形塞尺检查
立面平整度	4	用 2 m 垂直检测尺检查
接缝高低	3	用直尺和楔形塞尺检查
阴阳角垂直	3	用 2 m 垂直检测尺检查
阴阳角方正	3	用方尺和楔形塞尺检查
门窗洞中心偏差	3	用钢尺检查
门窗洞尺寸偏差	4	用钢尺检查

7.1.4　施工注意事项

（1）板的运输及堆放都必须保持侧向立放，严禁平放，在堆放区设置警示牌，严防墙板上人。

（2）采用绳索吊装时，应加软垫，以防损坏棱角。

（3）所有的连接件都必须进行防锈处理。

（4）设置防火警示牌。

（5）节点的连接必须牢固可靠，墙板与连接件位置关系必须严格按照图集施工。

（6）缝隙的处理工艺必须符合要求，在墙板与墙板的竖向和水平拼接缝必须使用专用胶条和密封材料密封，确保密封质量。

（7）严禁多块墙板严密顶紧，防止由于木塑墙板在温度变化作用下没有一定的变形空间而造成破坏。

7.2　钢结构新型节能整体式外挂墙板涂料施工工艺

7.2.1　饰面型防火涂料包装及贮存

（1）包装：10 kg/桶或 20 kg/桶。

（2）贮存：贮存温度应保持在 5～45 ℃之间，并保存在通风、干燥的库房内，防止阳光直射、雨淋、远离火源。保质期为 6 个月。

7.2.2　饰面型防火涂料注意事项

（1）墙板基层应平滑、结实、干燥和清洁，无尘土、油渍、水渍等污物。涂覆施工前须将涂料搅拌均匀。

（2）涂料过稠时，可加少量水稀释；采用刷涂、喷涂和辊涂的涂覆方法均可。至少分 2 遍进行涂覆，上一遍涂层表干后方可进行下一遍涂覆。

（3）涂层要求完整、无漏涂、表面平整均匀、色泽一致，涂层厚度不得低于 0.3 mm，以免影响防火效果。

（4）涂刷施工前，基材的含水率不应超过 1%。施工环境应保持空气流通，但须避免尘土飞扬。

（5）饰面型防火涂料参考用量为 0.5 kg/m²。

7.2.3　饰面型防火涂料施工工艺

（1）应在 5 ℃以上，施工后 24 h 内避免淋雨。

（2）涂刷工艺采用刷涂、喷涂或滚涂，涂刷均匀即可。刷涂方向要一致，切勿交叉或反复涂刷。

（3）施工前必须对基层（被涂材料）进行清理，除去灰、油污浮漆等杂物。木材基层应达到自然干燥状态,含水率小于 10%。

（4）本涂料一般涂 2 层,必要时可涂 3 层,或盖光一遍。涂完第一遍,自然干燥后便可进行下一层施工。每遍涂刷面不得有漏涂。每平方米用量不小于 500 g,达到一级防火标准。

（5）搅拌均匀后方可涂刷,以保证施工质量和产品性能。

8 钢结构建筑全寿命周期成本分析

8.1 全寿命周期成本的含义及构成

8.1.1 全寿命周期成本的含义

美国著名项目管理专家 Harold-Kerzne 将全寿命周期成本定义为某一产品全寿命周期所需的全部成本,包括研究、开发、生产、运营、维护、报废等所有成本。

英国建筑经济专家 John Kelly 对建筑产品的全寿命周期成本做了如下定义:建筑产品全寿命周期成本是指投资者在项目整个寿命周期内,在考虑资金时间价值的情况下,用来做经济评估时所考虑的所有相关费用,包括投资费用、能源费用、非能源的其他运营费用、维护费用和处理或拆卸费用等。

我国学者认为:建筑产品的全寿命周期成本应是指在考虑资金时间价值的情况下,建筑物从设计、建造、使用直到拆毁的整个寿命周期过程中所发生的总成本,包括建设成本、使用成本、社会成本。其中,建设成本指从项目决策到项目竣工、验收、投入使用的整个过程中所投入的全部费用的总和,也就是通常所说的建设工程总造价。使用成本指项目交付使用后,在使用寿命周期中,实现使用价值全过程所消耗的成本,主要包括维修成本、能耗成本、污染物排放成本、拆除成本等。社会成本指在项目全寿命过程中,对环境资源的占用及产生影响的程度。其中环境是一个广义的环境,包括大气环境、声环境、水环境、生态环境、人文环境等。

美国国家标准和技术局手册对生命周期成本的定义如下:

(1)全生命周期成本是指一个建筑物或建筑物系统在一段时期内的拥有、运行、维护和拆除的总的折现后的货币成本。生命周期成本包括初始化成本和未来成本。

(2)初始化成本是在设施获得之前将要发生的成本,即建设成本,也就是我国所说的工程造价,包括资本投资成本、购买和安装成本。

(3) 未来成本是指从设施开始运营到设施被拆除期间所发生的成本,包括能源成本、运行成本、维护和修理成本、替换成本、剩余值(任何转售、抢救或处置成本)。

① 运行成本是年度成本,去掉维护和修理成本,包括在设施运行过程中的成本。这些成本多与建筑物功能和保管服务有关。

② 维护和修理成本又分为维护成本和修理成本。维护成本是与设施维护有关的时间进度计划成本。修理成本是未曾预料到的支出,是为了延长建筑物的生命而不是替换这个系统所必需的。一些维护成本每年都会发生,其他的频率会小一些。修理成本按照定义是不可预见的,所以预见它什么时候发生是不可能的。为了简单起见,维护和修理成本应该被当作年度成本来对待。

③ 替换成本是对要求维护一个设施的正常运行,对该设施的主要的建筑系统部件的可以预料到的支出。替换成本是由替换一个达到其使用寿命终点的建筑物系统或部件而产生的。

④ 剩余值是一个建筑物或建筑物系统在 LCCA 研究周期末的纯价值。不像其他的未来支出,一个选择方案的剩余值可以是正的或负的成本或价值。

在工程项目寿命周期成本中,不仅包括资金意义上的成本,还包括环境成本和社会成本。

根据国际标准化组织环境管理系列(ISO14040)精神,生命周期环境成本是指工程产品系列在其全寿命周期内对于环境的潜在和显在的不利影响。工程建设对于环境的影响可能是正面的,也可能是负面的。在计量环境成本时,必须借助于其他技术手段将环境影响货币化。

生命周期社会成本是指工程产品在从项目构思、产品建成投入使用直至报废不堪再用的过程中对社会的不利影响。与环境成本一样,工程建设及工程产品对于社会的影响可以是正面的,也可以是负面的。

环境成本和社会成本主要是一种隐性成本,不容易量化,所以现在的很多研究和实际应用中,往往忽略了环境成本和社会成本。由于前期资金的限制或其他原因,建设领域对环境成本认识不足,大批高能耗、高污染的项目仍在大量出现,废弃物排放引起大气、水污染加剧,给生态环境造成巨大危害,从而影响国民经济的可持续发展。

由以上分析,可以定义钢结构建筑寿命周期成本(LCC)是在考虑资金时间价值的情况下,从决策立项、设计、建造、使用、维修和报废等过程中发生的所有费用。

8.1.2 全寿命周期成本的含义、分解及编码

根据我国基本建设程序和项目建设的特点,钢结构建筑的全寿命周期可划分为 4 个阶段。前期准备阶段,包括决策立项、勘察设计、招投标等工作。建造阶段,包括施工准备、施工、竣工验收等工作。运营维护阶段,包括投入使用和运营维护等工作。拆除回收阶段,包括拆除废弃、回收处理、循环利用等工作。

对于在使用过程中由于不可预见因素导致的一些费用,比如改造成本、受灾新建成本等,以及环境成本和社会成本,分析比较复杂,在此不予考虑。

根据对钢结构建筑全寿命周期成本构成的分析,为了便于建立模型,需要对每一阶段的成本进行分解,并对其编码。编码表见表 8.1。

表 8.1 钢结构建筑全寿命期成本编码表

一级编码	二级编码	三级编码	四级编码
初始投资 C	前期准备费用 C_1	立项费 C_{11}	前期工作咨询收费 C_{1101}
			环境影响评价收费 C_{1102}
		土地费用 C_{12}	出让金 C_{1201}
			契税 C_{1202}
			征(拨、使)用土地管理费 C_{1203}
			临时用地管理费 C_{1204}
			土地登记费 C_{1205}
			土地复垦费 C_{1206}
			土地用途变更费 C_{1207}
			国有土地有偿使用费 C_{1208}
			耕地开垦费 C_{1209}
		七通一平费 C_{13}	土地平整费 C_{1301}
			临时道路费 C_{1302}
			临时供水费 C_{1303}
			供电费 C_{1304}
			排污费 C_{1305}
			势力管线费 C_{1306}
			燃气管线费 C_{1307}
			通信费 C_{1308}

续表

一级编码	二级编码	三级编码	四级编码
初始投资 C	前期准备费用 C_1	勘察测绘费 C_{14}	
		规划设计费 C_{15}	规划方案设计费 C_{1501}
			施工图设计费 C_{1502}
			电力方案设计费 C_{1503}
			景观绿化设计费 C_{1504}
			室外市政管网设计费 C_{1505}
		造价咨询费 C_{16}	
		招标费用 C_{17}	招标代理费 C_{1701}
			标底编制费 C_{1702}
		行政事业收费 C_{18}	城市市政公用基础设施配套费 C_{1801}
			散装水泥押金 C_{1802}
			施工图及抗震设计审查费 C_{1803}
			建设工程交易综合服务费 C_{1804}
			墙改基金 C_{1805}
			规划技术服务费 C_{1806}
			档案技术服务费 C_{1807}
			规划验线费 C_{1809}
			地形图测绘费 C_{1810}
			竣工图测绘费 C_{1811}
			人防接建费 C_{1812}
			防雷图纸审查费 C_{1813}
			防雷竣工验收费 C_{1814}
			白蚁防治费 C_{1815}
			产权交易费 C_{1816}
			备案费 C_{1817}
			公告费 C_{1818}
			信息费 C_{1819}
			图纸测绘费 C_{1820}

一级编码	二级编码	三级编码	四级编码
初始投资 C	前期准备费用 C_1	行政事业收费 C_{18}	竣工测绘 C_{1821}
			招投标印花税 C_{1822}
			土地分割证费 C_{1823}
			土地测绘费 C_{1824}
			渣土弃置费 C_{1825}
			城市道路占用、挖掘许可 C_{1826}
	建造费用 C_2	建筑安装工程费 C_{21}	直接费 C_{2101}
			间接费 C_{2102}
			利润 C_{2103}
			税金 C_{2104}
		小区内公共配套、基础设施建设费 C_{22}	景观绿化工程 C_{2201}
			有线电视工程管网建设费 C_{2202}
			电信工程安装费 C_{2203}
			小区道路工程 C_{2204}
			室外雨污市政管网工程 C_{2205}
			小区供暖工程 C_{2206}
			小区智能化工程 C_{2207}
			燃气工程 C_{2208}
		工程监理费 C_{23}	
	购置费用 C_3	规费和税金 C_{31}	交易印花税 C_{3101}
			产权登记费 C_{3102}
			房屋所有权证工本费 C_{3103}
			契税 C_{3104}
		装修费用 C_{32}	
		家具设备购置费 C_{33}	
运营维护费用 M	用户使用费用 M_1	水费 M_{11}	
		电费 M_{12}	
		采暖费 M_{13}	

一级编码	二级编码	三级编码	四级编码
运营维护费用 M	维护费用 M_2	物业管理费用 M_{21}	
		专项维修费用 M_{22}	
		用户日常维护和修理费用 M_{23}	
		替换更新费用 M_{24}	
拆除废弃费用 S	拆除费用 S_1		
	废弃费用 S_2		
环境成本 C_t			

8.1.3　全寿命周期成本模型

钢结构建筑全寿命周期成本分解为各个成本单元后,需要对各个成本单元每个成本要素加以确认,从而确定各个阶段成本的关系及它们对全寿命周期成本的影响。

1. 初始投资模型

初始投资 C 由前期准备费用 C_1、建造费用 C_2、购置费用 C_3 组成:

$$C = C_1 + C_2 + C_3$$

（1）前期准备费用模型

前期准备费用 C_1 由立项费 C_{11}、土地费用 C_{12}、七通一平费 C_{13}、勘察测绘费 C_{14}、规划设计费 C_{15}、造价咨询费 C_{16}、招标费用 C_{17}、行政事业收费 C_{18} 组成:

$$C_1 = C_{11} + C_{12} + C_{13} + C_{14} + C_{15} + C_{16} + C_{17} + C_{18}$$

（2）建造费用模型

建造费用 C_2 由建筑安装工程费 C_{21},小区内公共配套、基础设施建设费 C_{22},工程监理费 C_{23} 组成:

$$C_2 = C_{21} + C_{22} + C_{23}$$

（3）购置费用模型

购置费用 C_3 由规费和税金 C_{31}、装修费用 C_{32}、家具设备购置费用 C_{33} 组成:

$$C_3 = C_{31} + C_{32} + C_{33}$$

2. 运营维护费用模型

运营维护费用 M 由用户使用费用 M_1、维护费用 M_2 组成:

$$M = M_1 + M_2$$

3. 拆除废弃费用模型

拆除废弃费用 S 由拆除费用 S_1 和废弃费用 S_2 组成:

$$S = S_1 + S_2$$

同时考虑环境成本 C_t，由此，得到钢结构建筑全寿命周期的成本模型：

$$LCC = C + M + S + C_t$$

以商品房为例，钢结构建筑全寿命周期成本模型如表 8.2 所示。

表 8.2　钢结构建筑全寿命周期成本模型

全寿命周期成本 *LCC*			全寿命周期环境成本 C_t
初始投资 *C*	前期准备费用 C_1		碳排放发生费用 C_{t_1}
		立项费 C_{11}	
		土地费用 C_{12}	
		七通一平费 C_{13}	
		勘察测绘费 C_{14}	
		规划设计费 C_{15}	
		造价咨询费 C_{16}	
		招标费 C_{17}	
		行政事业收费 C_{18}	
	建造费用 C_2	建筑安装工程费 C_{21}	碳排放发生费用 C_{t_2}
		公共配套、基础设施建设费 C_{22}	
		工程监理费 C_{23}	
	购置费用 C_3	规费和税金 C_{31}	
		装修费用 C_{32}	
		家具设备购置费 C_{33}	
运营维护费用 *M*	用户使用费用 M_1	水费 M_{11}	碳排放发生费用 C_{t_3}
		电费 M_{12}	
		采暖费 M_{13}	
	维护费用 M_2	物业管理费用 M_{21}	碳排放发生费用 C_{t_4}
		专项维修费用 M_{22}	
		用户日常维护和修理费用 M_{23}	
		替换更新费用 M_{24}	
拆除费用 *S*	拆除费用 S_1		碳排放发生费用 C_{t_5}
	回收费用 S_2		

　　钢结构建筑全寿命周期成本分解为各个成本单元后,需要对每个成本单元的要素加以确认,从而确定各个阶段成本的关系及它们对全寿命周期成本的影响。各成本要素可以根据我国现行工程造价构成和相关规定或实际发生的费用进行估算。

　　在工程项目寿命周期成本中,不仅包括资金意义上的成本,还包括环境成本和社会成本。环境成本和社会成本主要是一种隐性成本,不容易量化,所以在很多研究和实际应用中,往往忽略了环境成本和社会成本(本书只涉及环境成本)。由于前期资金的限制或其他原因,建设领域对环境成本认识不足,大批高能耗、高污染的项目仍在大量出现,废弃物排放引起大气、水污染加剧,特别是 CO_2 排放量过大,对生态环境造成巨大危害。

　　据有关统计数据显示,我国每建成 1 m^2 的房屋,碳排放量大约为 0.8 t,城市 60% 的碳排放来源于建筑本身。而目前发达国家大多是以钢骨或木材为主要建材,因此,排放量相对较低。由于环境成本的计算没有固定模式,故本书以碳排放发生费用来计算。这一费用的计算方法主要考虑到建筑物的类型、碳排放清单,以及生命周期等因素。对于建筑,可以考虑包括原材料开采、生产运输与加工、建造、使用、维修改造和拆除等各个阶段的碳排放。

8.2　钢结构建筑生命周期模型费用估算

　　钢结构建筑 LCC 模型从工程项目全寿命周期出发来考虑成本问题,所以在进行费用估算时可能会遇到 3 个问题:数据的收集处理、参数的选择和对未来成本的预测。

8.2.1　数据的收集处理

　　工程项目的全寿命周期大都有几十年,多则上百年。我国长期以来采用的是全过程成本管理模式,建造阶段的数据记载得比较详细,运营和维护阶段的数据却非常缺乏。目前,我国建筑物的运营和维护一般是由物业服务企业负责的,虽然物业服务企业对建筑物运营和维护阶段的部分数据做了记录,但是由于大部分企业的管理基础薄弱,所以数据记录的时间较短、形式也大都不规范。

　　数据收集的时间范围包括了钢结构建筑全寿命周期的各个阶段,需要查阅大量资料,包括建筑档案、合同、图纸、现场施工资料、统计年鉴等,而且很有必要到现场调查收集相关的原始资料,如开发商、承包商、设计、监理、咨询等各部门的相关资料,并跟踪住户调查收集的使用维护费用等。

8.2.2　参数的选择

　　全寿命周期成本模型进行费用估算时有几个关键的参数:折现率、寿命周期、残值率和通货膨胀率。生命周期成本分析的结果依赖于这些参数的设定。这些参数的选择能否反映将来真实发生的情况将会对全寿命周期成本分析的结果产生直接影响,因此,必须要科学地选择这些参数。

1. 折现率的选择

折现率是投资者对资金时间价值的最低期望值。社会折现率是社会对资金时间价值的估算,是从整个国民经济角度所要求的资金投资收益率标准,代表占用社会资金所应获得的最低收益率。社会折现率受投资收益水平、资金机会成本、资金供需情况等因素的影响,因此折现率的选择可以结合实际情况加以确定。

1987 年《建设项目经济评价方法与参数》(第一版)规定,我国社会折现率取10%。1993 年《建设项目经济评价方法与参数》(第二版)规定,我国社会折现率取 12%。2004 年,由建设部标准定额研究所制定的《中国社会折现率参数研究与测算》运用多种测算手段并进行验证,提出了我国现阶段社会折现率推荐取值为 7%~8%。2006 年《建设项目经济评价方法与参数》(第三版)规定,我国社会折现率取 8%。但是对于寿命期大于 25 年的基础设施和具有长远环境保护效益的超长期的建设项目而言,应该按照时间递增而分段递减的社会折现率来取值。

折现率可以划分为名义利率和实际利率两种形式,在全寿命周期成本分析时应采用实际折现率。实际利率 i_r、名义利率 i_n、计息周期 n 三者之间存在着如下关系:

$$i_r = \left(1 + \frac{i_n}{n}\right)^n - 1$$

2. 寿命周期的选择

全寿命周期成本分析考察的时间是建筑物的整个寿命周期,但建筑物的寿命具有不确定性。因此,只有通过假设方法来确定寿命周期。建筑物的寿命从不同角度可分为设计寿命、折旧寿命、物理寿命和经济寿命。

设计寿命是指设计的合理使用年限,我国《建筑结构可靠度设计统一标准》采用的设计基准期为 50 年,普通房屋设计使用年限为 50 年。

折旧寿命是指按现行会计制度规定的折旧方法和原则,将建筑物的原值扣除残值的余额,折旧到接近于 0 时所经历的时间。

物理寿命即自然寿命,是指建筑物从全新状态开始使用,到不再具有正常使用功能而宣告报废的时间。

经济寿命是指建筑物在经济上合理使用的年限,一般建筑物达到经济寿命或虽未达到经济寿命,但已出现新的功能更佳、结构更合理的同类建筑物,继续使用该建筑物已不再经济时,该建筑物的经济寿命即告终结。

进行全寿命周期成本研究时,寿命周期指的是建筑物的经济寿命。它与建筑物的设计、施工、使用、维护有密切关系,而且可能受到物理磨损、精神磨损的影响而发生变化,因此经济寿命与设计寿命不一定相同。本书在研究钢结构建筑全寿命周期成本时,经济寿命按照建筑的设计使用年限 50 年来计算。

3. 残值率的选择

残值率是指固定资产报废时回收的残值占固定资产原值的比率。我国现行企业会计制度规定的固定资产折旧方法有多种,例如年限平均法(直线法)、工作量法、年数总和法、双倍余额递减法等。税法严格规定了折旧的方法,而且明确规定:建筑物残值率内资企业按照 5% 执行,外资企业按照 10% 执行。

4. 通货膨胀率的选择

因为在 LCC 分析中所有成本最后都要折成同一时间的现值,所以通货膨胀率的选择对 LCC 分析有重要的影响。

存在通货膨胀的情况下,货币购买力随时间的延续而降低,从而导致存贷款的实际利率小于名义利率。实际利率 i_r、名义利率 i_n、通货膨胀率 f 三者之间存在着如下关系:

$$i_r = \frac{1+i_n}{1+f} - 1$$

8.2.3　未来成本的预测

对钢结构建筑全寿命周期成本中的未来成本进行预测,具有不确定性。这种不确定性表现在用于全寿命周期成本分析的参数、指标很多,而这些参数、指标对于政策、法规、市场的变化或其他某些因素的变化比较敏感。一旦其中某个因素发生变化,可能使得全寿命周期成本分析的结果不适用或者失去了其作为决策依据的作用。虽然这一点很难避免,但是可以综合运用多种预测手段对未来成本进行预测,减少预测值与实际值的差异,保证全寿命周期成本分析结果的可靠性。

8.2.4　初始投资估算

根据我国现行工程造价构成的有关规定,钢结构建筑项目的初始投资主要包括立项、勘察、设计、招投标等前期准备费用与建造费用等,其值可根据国家的现行规定进行估算。

1. 前期准备费用估算

前期准备费用 C_1 由立项费 C_{11}、土地费用 C_{12}、七通一平费 C_{13}、勘察测绘费 C_{14}、规划设计费 C_{15}、造价咨询费 C_{16}、招标费用 C_{17}、行政事业收费 C_{18} 组成。

(1) 立项费 C_{11}

立项费 C_{11} 由前期工作咨询收费 C_{1101} 和环境影响评价收费费用 C_{1102} 组成:

$$C_{11} = C_{1101} + C_{1102}$$

（2）土地相关费用 C_{12}

可以参照一般建筑开发项目土地购置费构成，主要包括国有土地使用权出让金 C_{1201}、契税 C_{1202}、征（拨、使）用土地管理费 C_{1203}、临时用地管理费 C_{1204}、土地登记费 C_{1205}、土地复垦费 C_{1206}、土地用途变更费 C_{1207}、国有土地有偿使用费 C_{1208}、耕地开垦费 C_{1209}：

$$C_{12}=C_{1201}+C_{1202}+C_{1203}+C_{1204}+C_{1205}+C_{1206}+C_{1207}+C_{1208}+C_{1209}$$

（3）七通一平费 C_{13}

七通一平费 C_{13} 包括土地平整 C_{1301}、临时道路 C_{1302}、临时供水 C_{1303}、供电 C_{1304}、排污 C_{1305}、热力管线 C_{1306}、燃气管线 C_{1307}、通信（电话、宽带网络、光缆等）C_{1308} 等费用：

$$C_{13}=C_{1301}+C_{1302}+C_{1303}+C_{1304}+C_{1305}+C_{1306}+C_{1307}+C_{1308}$$

（4）勘察测绘费 C_{14}

参见行政管理收费中的规划验线费、地形图测绘费、竣工图测绘费。

（5）规划设计费 C_{15}

（6）造价咨询费 C_{16}

工程造价咨询服务收费属于经营服务性收费，实行政府指导价。

（7）招标费用 C_{17}

招标费用 C_{17} 由招标代理费 C_{1701}、标底编制费 C_{1702} 组成：

$$C_{17}=C_{1701}+C_{1702}$$

（8）行政事业收费 C_{18}

行政事业收费 C_{18} 由城市市政公用基础设施配套费 C_{1801}，散装水泥押金 C_{1802}，施工图及抗震设计审查费 C_{1803}，建设工程交易综合服务费 C_{1804}，墙改基金 C_{1805}，规划技术服务费 C_{1806}，档案技术服务费 C_{1807}，规划验线费 C_{1808}，地形图测绘费 C_{1809}，竣工图测绘费 C_{1810}，人防接建费 C_{1811}，防雷图纸审查费 C_{1812}，防雷竣工验收费 C_{1813}，白蚁防治费 C_{1814}，产权交易费 C_{1815}，备案费 C_{1816}，公告费 C_{1817}，信息费 C_{1818}，图纸测绘费 C_{1819}，竣工测绘 C_{1820}，招投标印花税 C_{1821}，土地分割证工本费 C_{1822}，土地分割证登记费 C_{1823}，土地测绘费 C_{1824}，渣土弃置费 C_{1825}，城市道路占用、挖掘许可费 C_{1826} 组成：

$$C_{18}=C_{1801}+C_{1802}+C_{1803}+C_{1804}+C_{1805}+C_{1806}+C_{1807}+$$
$$C_{1808}+C_{1809}+C_{1810}+C_{1811}+C_{1812}+C_{1813}+C_{1814}+$$
$$C_{1815}+C_{1816}+C_{1817}+C_{1818}+C_{1819}+C_{1820}+C_{1821}+$$
$$C_{1822}+C_{1823}+C_{1824}+C_{1825}+C_{1826}$$

前期准备费用具体的估算方法参见表 8.2。

2. 建造费用估算

建造费用 C_2 由建筑安装工程费 C_{21}，小区内公共配套、基础设施建设费 C_{22}，工程监理费 C_{23} 组成。

1）建筑安装工程费 C_{21}

建筑安装工程费计算应根据使用全寿命期成本分析方法的阶段不同，采用不同的方法。具体的建筑安装工程费估算方法如下：

（1）投资决策阶段——投资估算价

投资估算是项目决策阶段的主要造价文件，是项目建议书和项目可行性研究报告的主要组成部分，也是控制设计概算的依据和建设项目资金筹措的依据。所以，编好投资估算具有重要意义。投资估算必须做到全面、准确，从而为建设项目投资控制奠定良好的基础，使所建的项目以最少的投入获得最佳的经济效益和社会效益。

在项目规划和项目建议书阶段，用于投资估算的方法有单位生产能力估算法、生产能力指数法、百分比系数法、朗格系数法，这些方法计算精度较低。在可行性研究阶段，尤其是详细可行性研究阶段，需要相对详细的投资估算的方法。可研阶段的投资估算内容包括建筑工程费、设备及工器具购置费、安装工程费、工程建设其他费用、基本预备费、涨价预备费、建设期贷款利息、固定资产投资方向调节税及流动资金。

① 建筑工程费

建筑工程费是指为建造永久性建筑物和构筑物所需要的费用，一般采用单位建筑工程投资估算法、单位实物工程量投资估算法、概算指标投资估算法等进行估算。

a. 单位建筑工程投资估算法，以单位建筑工程量投资乘以建筑工程总量计算。这种方法进一步又可分为单位价格法、单位面积价格法和单位容积价格法，其中应用最广泛的是单位面积价格估算法。计算公式为

建筑造价＝总建筑面积×单位面积价格

估算步骤如下：首先分析已完成项目的建筑施工成本，用已知的项目建筑施工成本除以该项目的房屋总面积，即为单位面积价格，然后将结果应用到拟建的项目中，以估算其建筑施工成本。

单价的估算主要参考最近类似项目的成本分析并根据项目具体情况做出调整。这种方法容易理解，而且获取数据的途径也较容易。

b. 单位实物工程量投资估算法，以单位实物工程量的投资乘以实物工程总量进行计算。例如，土石方工程按每立方米投资进行估算。

c. 概算指标投资估算法可以用于没有上述估算指标并且建筑工程费占总

投资比例较大的项目。采用这种估算法,应占有较为详细的工程资料、建筑材料价格和工程费用指标,投入的时间和工作量较大。

② 设备及工器具购置费

设备及工器具购置费由设备的购置费、工器具购置费、现场制作非标准设备费、生产用家具购置费和相应的运杂费等组成。其估算根据项目主要设备表及价格、费用资料编制,工器具购置费按设备费的一定比例计取。对于价值高的设备应按单台(套)估算购置费,价值小的设备可按分类估算。国内和国外设备要分别估算。

③ 安装工程费

安装工程费通常按行业有关安装工程定额、取费标准和指标估算投资。计算公式如下:

$$安装工程费 = 设备原价 × 安装费率$$
$$安装工程费 = 设备吨位 × 每吨安装费$$
$$安装工程费 = 安装工程实物量 × 安装费用指标$$

④ 工程建设其他费用

工程建设其他费用按各项费用科目的费率或者取费标准估算。

⑤ 预备费

预备费包括基本预备费和涨价预备费。

基本预备费 = 工程建设其他费用 × 基本预备费率

涨价预备费计算公式为

$$PF = \sum_{t=0}^{n} I_t \left[(1+f)^t - 1 \right]$$

式中:PF——涨价预备费;

  n——建设期年份数;

  I_t——建设期中第 t 年的静态投资计划额,包括设备及工器具购置费、建筑安装工程费、工程建设其他费用及基本预备费;

  f——年均投资价格上涨率。

⑥ 建设期贷款利息、流动资金

当总贷款是分年均衡发放时,建设期利息的计算可按当年借款在年中支付考虑,即当年贷款按半年计息,上年贷款按全年计息。建设期贷款利息可以采用以下公式计算:

$$q_j = \left(P_{j-1} + \frac{1}{2} A_j \right) i$$

式中:q_j——建设期第 j 年应计利息;

  P_{j-1}——建设期第 $j-1$ 年末贷款累计金额与利息累计金额之和;

A_j——建设期第 j 年贷款金额；

i——年利率。

流动资金是生产经营性项目建成后，为保证正常生产所必需的周转资金。估算的方法有分项详细估算法和扩大指标估算法。

（2）初步设计阶段——设计概算价

设计概算是国家制定和控制建设投资的依据、编制建设计划的依据、选择设计方案的依据、签订工程总承包合同的依据、办理工程拨款贷款的依据、控制施工图设计的依据，以及考核和评价工程建设成本和投资效果的依据。

设计概算可以分为单位工程概算、单项工程综合概算、建设项目总概算。编制方法主要包括以下 2 种：

① 利用概算定额编制概算

利用概算定额编制概算要求初步设计达到一定深度，建筑结构、构造比较明确，能根据设计图纸计算出分部分项工程（或扩大分部分项工程）的工程量。这种方法计算精度高，是编制概算常用的方法。

利用该方法编制概算步骤如下：

a. 列出各分部分项工程（或扩大分部分项工程）的工程项目，计算其工程量。

b. 确定各分部分项工程项目的概算定额单价（基价）和工料消耗定额。

c. 计算分部分项工程的直接工程费。

d. 计算其他各项费用如间接费、利润和税金，确定工程概算造价。

② 利用概算指标编制概算

概算指标一般是以建筑面积或建筑体积为单位，以整栋建筑物为对象而编制的指标。适用于初步设计文件不完备、工程量无法计算的情况下。由于概算指标通常以每栋建筑物每 100 m² 建筑面积或者 1 000 m³ 建筑体积为单位，规定人工、材料和施工机械使用费的消耗量，因此，它比概算定额更扩大，更综合，编制过程更简化，计算精度也较低。

（3）施工图设计阶段——施工图预算或工程量清单计价

现阶段两种方法并存，工程量清单适用于国家投资或者国家投资为主的项目，其他项目也可以使用。施工图预算方法除国有投资项目外均可以适用，采用哪种方法取决于业主的意愿。

① 施工图预算

编制施工图预算可以采用单价法。根据地区统一单位估价表中的各项定额单价（包括人工费、材料费、机械使用费），乘以相应的各分项工程的工程量，汇总相加，得到单位工程的人工费、材料费、机械使用费之和；再加上按规定程序计算出来的措施费、间接费、利润和税金,便可得出单位工程的施工图预算造价。

编制施工图预算可以采用实物法。首先根据施工图纸分别计算出分项工程量,然后套用相应预算人工、材料、机械台班的定额用量,再分别乘以工程所在地当时的人工、材料、机械台班的实际单价,求出单位工程的人工费、材料费和施工机械使用费,并汇总求和,进而求得直接工程费,然后按规定计取其他各项费用,汇总后就可得出单位工程施工图预算造价。

② 工程量清单计价

清单计价的内容组成一般包括:分部分项工程清单计价、措施项目清单计价、其他项目清单计价、规费和税金。

a. 分部分项工程清单计价

分部分项工程量清单计价包括:土石方工程清单计价、地基及桩基础工程清单计价、砌筑工程清单计价、混凝土及钢筋混凝土工程清单计价、厂房库大门特种门木结构工程清单计价、金属结构工程清单计价、屋面及防水工程清单计价等。

$$分部分项工程费=综合单价×分部分项工程量$$
$$综合单价=人工费单价+材料费单价+机械费单价+管理费单价+利润单价$$
$$管理费单价=(人工费单价+机械费单价)×管理费率$$
$$利润单价=(人工费单价+机械费单价)×利润率$$

b. 措施项目清单计价

措施项目费由单价措施费和总价措施费组成。

单价措施费包括建筑物超高增加费用、模板费、脚手架费用、排降水费用、深基坑支护费用、垂直运输费用。

总价措施费包括安全文明施工费、夜间施工费、二次搬运费、冬雨季施工费、已完工程及设备保护费、临时设施费等夜间施工增加费。

$$总价措施项目费=(分部分项工程费+单价措施项目费-工程设备费)×费率$$

或以项计费:

$$单价措施项目费=综合单价×工程量$$

措施项目费也可由双方约定。

c. 其他项目清单计价

根据 GB 50500—2013 的规定,其他项目清单计价依据招标文件的有关内容计价,费用一般包括预留金、材料购置费、总承包服务费、零星工作项目费。

根据 GB 50500—2013 的规定,其他项目清单计价依据招标文件的有关内容进行计价,费用包括暂定金额、暂估价、计日工和总承包服务费。

d. 规费

规费是指政府和有关权力部门规定必须缴纳的费用,包括工程排污费、社会保障费(养老保险费、失业保险费、医疗保险费)、住房公积金。

规费=(分部分项工程费+单价措施项目费-工程设备费+其他项目费)×规费费率

规费费率应该按照省级政府或省级有关权力部门的规定计取。

e. 税金

税金是指国家税法规定的应该计入建筑与装饰工程造价内的营业税、城市维护建设税和教育费附加。

税金=(分部分项工程费+单价措施项目费-工程设备费+其他项目费+规费)×税率

税率应该按照省级政府或省级有关权力部门的规定计取。

工程造价=分部分项工程费+措施项目费+其他项目费+规费+税金

(4)运行阶段——竣工结算价

竣工结算价是指承包人完成施工合同约定的全部工程承包内容,发包人依法组织竣工验收,并验收合格后,由发、承包双方按照合同约定的工程造价确定条款,即合同价、合同价款调整内容,以及索赔和现场签证等事项确定的最终工程造价。

2)小区内公共配套、基础设施建设费 C_{22}

公共配套设施是指与小区建筑规模或者人口规模相对应的配套建设的公共服务设施、道路和公共绿地的总称。公共服务设施可以分成两类:第一类是与基本居住有关的各种公用管线及设施,包括水、电、天然气、有线电视、电话、宽带网络、供暖、雨水处理、污水处理等;第二类是与家庭生活需求有关的各种公共设施,包括教育、医疗卫生、文化体育、商业服务、金融邮电、社区服务、行政管理等设施。道路主要是指小区内的道路及小区与城市公共交通路线相连接的道路,以及相关设施。公共绿地是指小区内的绿地。

基础设施费,包括小区内道路、供水、供电、供气、排污、排洪、通信、照明、环卫、绿化等工程发生的费用。

小区内公共配套、基础设施建设费用应当按照实际发生的工程量乘以相应的单价来计算。

3)工程监理费 C_{23}

建设工程监理与相关服务是指监理人接受发包人的委托,提供建设工程施工阶段的质量、进度、费用控制管理和安全生产监督管理、合同、信息等方面协调管理服务，以及勘察、设计、保修等阶段的相关服务。各阶段的工作内容见《建设工程监理与相关服务收费标准》附表一《建设工程监理与相关服务的主要工作内容》。

建设工程监理与相关服务收费包括建设工程施工阶段的工程监理服务收费和勘察、设计、保修等阶段的相关服务收费。

工程监理服务收费按照下列公式计算：

施工监理服务收费＝施工监理服务收费基准价×(1±浮动幅度值)

施工监理服务收费基准价＝施工监理服务收费基价×专业调整系数×工程复杂程度调整系数×高程调整系数

施工监理服务收费基价是完成国家法律法规、规范规定的施工阶段监理基本服务内容的价格。施工监理服务收费基价参见《施工监理服务收费基价表》，计费额处于两个数值区间的，采用直线内插法确定施工监理服务收费基价。

勘察、设计、保修等阶段的相关服务收费一般按相关服务工作所需工日和《建设工程监理与相关服务收费标准》附表四《建设工程监理与相关服务人员人工日费用标准》收费。

3. 购置费用估算

购置费用 C_3 由规费和税金 C_{31}、装修费用 C_{32}，以及家具设备购置费用 C_{33} 组成：

(1) 规费和税金 C_{31}

规费和税金是指用户在买房交易、申办产权证、办理入住、按揭及公积金贷款过程中应缴纳的各项费用，主要有交易印花税 C_{3101}、产权登记费 C_{3102}、房屋所有权证工本费 C_{3103}、契税 C_{3104} 等。规费和税金计算公式为

$$C_{31}＝C_{3101}＋C_{3102}＋C_{3103}＋C_{3104}$$

(2) 装修费用 C_{32}

根据用户装修档次不同，装修费用可以通过实际调查进行估算。

(3) 家具和电器购置费用 C_{33}

根据用户装修档次不同，家具和电器购置费用可以通过实际调查进行估算。

8.2.5　运营维护费用估算

运营维护费用 M 由用户使用费用 M_1、维护费用 M_2 组成。

按照在设备领域应用比较成熟的参数法或类比法来进行费用估算。

1. 参数法

根据已有资料建立起节能建筑运营维护费用与主要节能设计参数之间的关系式，进行费用估算。目前建筑节能评价指标可以分为2种：一种是规定性

指标,如建筑物的体形系数、窗墙比、围护结构(墙、屋面、窗)的传热系数,以及采暖、空调、照明设备最小能效指标等。二是综合指标即性能化指标,如建筑物的耗冷量指标、耗热量指标、空调年耗电量指标和采暖年耗电量指标等。

规定性指标之间相对独立,无法进行建筑各部分能耗的平衡分析;性能化指标规定了建筑在不同采暖度日数及空调度日数时单位建筑面积所允许的采暖、空调设备能耗指标,能从整体上反映围护结构热工性能的好坏和暖通空调系统效率的高低。但是计算方法复杂,不能得到有效的应用。因此采用参数法进行费用估算时,要根据建筑所处的气候分区合理的选择参数。

2. 类比法

选择类似的节能建筑项目,并收集现有数据,估算拟建节能建筑的运营维护费用。使用这种方法要求估算人员经验丰富,必要时还可邀请一些专家参与估算。

3. 用户使用费用估算

1)用户使用费用 M_1

用户使用费用 M_1 由水费 M_{11}、电费 M_{12}、采暖费 M_{13} 组成。这里的用户使用费用主要指的是能耗费用。

大多数人认为建筑节能仅仅靠建筑围护结构节能和使用节能建筑材料就可以了,对使用过程中的能耗不加以重视。实际上,在住宅能耗中,运行能耗尤其是采暖、空调能耗占有较大比重。建筑围护结构达到节能要求,为降低能耗创造了条件,但是只有尽量降低运行能耗,才是真正意义上的节能。

(1)水费 M_{11}

对现行水用户分类。按用水性质分为居民生活用水、行政事业用水、工业用水、经营服务用水、非经营服务用水及特种用水 6 类。城市供水到户价格由含税基本水价、城市公用事业附加、城市污水处理费、水资源费、水处理专项费用 5 部分构成。

$$水费 M_{11} = 水单价 \times 用水量$$

(2)电费 M_{12}

销售电价是向终端用户售电的价格,其高低主要由上网电价和输配电电价决定。目前,销售电价有 4 类:城乡居民生活用电电价、一般工商业用电及其他用电(非居民照明用电电价、非普工业用电电价)、大工业用电电价、农业生产用电电价。

$$电费 M_{12} = 电单价 \times 用电量$$

(3)采暖费 M_{13}

2003 年 7 月,建设部等八部委联合发布了《关于城镇供热体制改革试点工作的指导意见》,要求"逐步取消按面积计收热费,积极推行按用热量进行分户计量的收费办法"。2004 年对严寒和寒冷地区的调查发现,70%的城镇建筑采用集中供热进行取暖,剩余部分则采用各种不同的分散采暖方式。建设部 2006年的统计显示,目前全国供热采暖耗能全年约为 1.3 亿吨标准煤,占全社会总能耗的 10%。清华大学建筑节能研究中心发布的《中国建筑节能年度发展研究报告 2007》中称,我国北方城镇采暖能耗占全国城镇建筑总能耗的 40%,为建筑能源消耗的最大组成部分。

江苏省徐州市属于寒冷地区,寒冷地区的评价指标主要有:

① 建筑物耗热量指标。指在采暖期室外平均温度条件下,为保持室内计算温度,单位建筑面积在单位时间内消耗的、需由室内采暖设备供给的热量。

其计算公式为

$$q_H = q_{H \cdot T} + q_{INF} - q_{I \cdot H}$$

式中:q_H——建筑物耗热量指标,W/m^2;

$q_{H \cdot T}$——单位建筑面积通过围护结构的传热耗热量,W/m^2;

q_{INF}——单位建筑面积的空气渗透耗热量,W/m^2;

$q_{I \cdot H}$——单位建筑面积的建筑物内部得热(包括炊事、照明、家电和人体散热),建筑取 3.80 W/m^2。

② 采暖耗煤量指标。指在采暖期室外平均温度条件下,为保持室内计算温度,单位建筑面积在一个采暖期内消耗的标准煤量。该指标是评价由建筑物和采暖系统组成的综合体能耗水平的一个重要指标。《民用建筑节能设计标准》(JGJ 26—2016)给出了主要城市建筑物耗热量指标和采暖耗煤量指标。

其计算公式为

$$q_c = 24 \cdot Z \cdot q_H / H_c \cdot \eta_1 \cdot \eta_2$$

式中:q_c——采暖耗煤量指标,kg/m^2;

q_H——建筑物耗热量指标,W/m^2;

Z——采暖期天数;

H_c——标准煤热值,取 8.14 $W \cdot h/kg$;

η_1——室外管网输送效率,采取节能措施前取 0.85,采取节能措施后取 0.90;

η_2——锅炉运行效率,采取节能措施前取 0.55,采取节能措施后取 0.68。

根据《严寒和寒冷地区居住建筑节能设计标准》(JGJ 26—2010)的规定,徐州地区采暖期有关参数:计算用采暖期 94 天,采暖期室外平均温度 2.5 ℃,该地区普通建筑耗热量指标为 12.8 W/m^2(换气 0.5 次/h),其室内采暖温度为18 ℃。

对于分户电采暖的建筑,可按照《严寒和寒冷地区居住建筑节能设计标准》(JGJ 26—2010)中的规定,采用参数法计算建筑物耗热量,求得采暖费。

对于集中供热采暖建筑的采暖费,进行以下讨论。

热是特殊的商品,用多少热花多少钱,由热用户向供热企业缴纳热费已广为大众接受。但是目前热价的确定仍有许多问题没有解决。热是一种商品,必须对供热过程中所耗费的能源、设备折旧、维修保养及员工工资等费用进行补偿,这样才能保证供热企业正常运行。另外,收费标准的制定必须考虑用户的利益,能激励用户主动节能。因此,合理的收费方式是推进供热体制改革和供热计量改革的推动剂,是降低冬季采暖能耗的关键所在。

对于供热企业来说,制定热价时会考虑到企业生产成本和盈利。生产成本指生产过程中各种消耗的支出,包括供热设备的投资、折旧,锅炉的煤耗、电耗、水耗,以及人员工资和管理费用等。而盈利则包括企业利润和税金2部分。

对于区域性的锅炉房,其供热设施都已包括在房屋的配套费中。也就是说,这些供热设施都是住户的财产。这时热价应该包括:锅炉燃料费及其运费、运行过程中的电费、设备维修使用和管理费用。

目前,热费收取方式有2种:

a. 按用户建筑面积计费

虽然一些新建建筑是节能建筑,但由于供热系统普遍没有安装计量系统,所以采暖费照常按面积进行收费,降低了节能效果。

$$每户采暖费用 M_{13} = 单位面积热费 \times 建筑面积$$

b. 按计量表计费

《民用建筑采暖通风与空气调节设计规范》(GB 50736—2012)中规定:新建建筑热水集中采暖系统,应设置分户热计量和室温控制装置。对于集中采暖的情况,热费由实耗热费和固定热费组成。实耗热费根据用户实际用热量的多少来计算,固定热费即根据用户的采暖面积收费。固定热费与实耗热费的比例确定应与建筑物性质(如住宅、商业、办公等),能源种类(如煤、天然气、电等),热源形式(如集中供热的一次供热、二次供热等)等有关。固定热费比例高,有利于供热企业的收费,但不利于用户节能。采取什么比例,应根据当地气候、能源、建筑围护结构状况、供热企业运行管理方式等方面的实际情况来确定。可以参考欧洲标准:固定热费应占总热费的 $30\% \sim 50\%$,实耗热费应占总热费的 $50\% \sim 70\%$。

以下是江苏省徐州市某小区按计量表计取热费的情况:

$$每户采暖费用 M_{13} = 单位面积基本热费 \times 住户面积 + 单位流量(热值)计量热费 \times 抄见流量$$

其中:

单位面积基本热费＝基本热费总额/总面积

单位流量(热值)计量热费＝(总收入－基本热费总额)/总流量(热值)

基本热费总额＝总收入×基本热费率

基本热费率为30％～60％,具体标准由供用双方协商确定。

采暖期总收入＝[水、电、汽费用总额/(1－其他费用率)]×(1＋利润率)

其他费用率6％～10％,主要包括供热人员工资及福利、公用供暖设施及折旧、管理费等,具体标准由供用双方协商确定,利润率为3％。

(4)空调费

随着城市化的发展和人民生活水平的提高,空调迅速普及,人们对居住舒适性及空气品质的要求也日益提高,从而空调能耗快速增加。有资料表明,目前空调能耗占了整个建筑能耗的60％～70％。因此在提供健康舒适的使用环境的前提下,如何降低空调系统的能耗从而降低建筑能耗至关重要。合理选择空调系统形式是降低空调能耗的重要前提。

目前,建筑中常用的空调方式有3种:分体空调(房间空调器)、户式中央空调、集中空调。选择哪种形式的空调系统,应该在考虑系统的能耗特性、负荷率变化特性、运行特性的基础上,经过分析研究,选出最适合某建筑的空调系统。很多文献中都有对该问题的论述,这里不再赘述。

空调系统是建筑附属的一种设备。空调系统全寿命周期成本由初始购置费和使用费组成。

对于分体空调、户式中央空调,初始购置费用计入家具设备购置费,只需要考虑使用费用。如果用户安装了分项计量电表,可以采用抄表的方法(即调查统计法)获取空调运行能耗数据。同时也可以采用理论计算法计算空调运行能耗。但是空调运行能耗会受到诸如气象参数、住户的空调行为方式等因素的影响,从而使理论计算值和实际运行值存在差异。

由于分体空调能耗较大,区域集中供冷供热是建筑空调的发展的方向。目前由于在建建筑采用集中空调系统的很少,因而对其收费模式也少有研究。笔者认为,对于集中空调系统而言,其初始购置费用应该计入房价中了,集中空调使用费用可以参照集中供暖的收费模式。有的学者认为,集中空调使用费由固定费用和变动费用组成。固定费用主要是考虑系统设备的折旧费、贷款利息及各种税费杂费和系统运行过程中消耗的燃料费、人工费、维修费、管理费等,这部分费用宜按用户面积分摊。变动费用应按用户计量表测得的数值和用户面积来综合考虑。对于采用集中空调系统的建筑,可以通过分项计量电表直接得到集中空调系统各部分的运行能耗。

总之,要合理确定冷价来制定收费标准,使得供冷企业能够正常运转,同时又有利于用户节能。

空调系统的设计参数指标:

① 建筑物耗冷量指标。指在设计计算用空调期室外平均温度条件下,为保持室内全部房间平均计算温度为 26 ℃,单位建筑面积在单位时间内消耗的、需由室内空调设备供给的制冷量。

② 建筑耗电量指标。指在设计计算温度条件下,为保持室内计算温度,单位建筑面积空调降温期消耗的电量。

综上,用户能耗尤其是采暖、制冷产生的能耗占了建筑能耗的绝大部分,由此产生的废气、污染物对环境造成了负面影响。同时,由于人们对建筑热环境的需求提出了更高的要求,因此通过降低用户能耗,提高居住热环境的舒适度,保护生态环境,从而促进建筑节能减排是非常关键的环节。

4. 维护费用估算

维护费用 M_2 由物业管理费用 M_{21}、专项维修费用 M_{22}、用户日常维护和修理费用 M_{23}、替换更新费用 M_{24} 组成。

1) 物业管理费用 M_{21}

根据国家计委、建设部颁布的《城市住宅小区物业管理服务收费暂行办法》,住宅小区物业管理费的成本构成包括以下项目:① 管理服务人员的工资和按规定提取的福利费;② 公共设施、设备日常运行、维护及保养费;③ 绿化管理费;④ 清洁卫生费;⑤ 保安费;⑥ 办公费;⑦ 物业管理单位固定资产折旧费;⑧ 法定税费。

此外,物业管理费中还应包括物业管理公司的利润。对于高档建筑小区的物业管理,成本中可以增加保险费。与我国基本价格制度转换相适应,按照定价主体和形成途径不同,物业管理收费实行市场调节价、政府指导价、政府定价 3 种定价方式。确定物业服务标准为江苏省技术监督局制定的《江苏省住宅物业管理服务标准》(DB32/T 538—2002),也可按市房产管理局制订的相应的物业服务等级标准执行。

$$物业管理费用 M_{21} = 每月每平方米建筑面积收费 \times 建筑面积$$

2) 专项维修费用 M_{22}

根据建设部、财政部《住宅共用部位共用设施设备维修基金管理办法》,凡商品住房和公有住房出售后都应当建立住宅共用部位、共用设施设备维修基金。维修基金的使用执行《物业管理企业财务管理规定》,专项用于住宅共用部位、共用设施设备保修期满后的大修、更新、改造。

共用部位是指建筑主体承重结构部位(包括基础、内外承重墙体、柱、梁、楼板、屋顶等)、户外墙面、门厅、楼梯间、走廊通道等。共用设施设备是指住宅小区或单幢建筑内,建设费用已分摊进入住房销售价格的共用的上下水管道、落水管、水箱、加压水泵、电梯、天线、供电线路、照明、锅炉、暖气线路、煤气线路、消防设施、绿地、道路、路灯、沟渠、池、井、非经营性车场车库、公益性文体设施和共用设施设备使用的房屋等。

购房者应当按购房款 $2\%\sim3\%$ 的比例向售房单位缴交维修基金。售房单位代为收取的维修基金属全体业主共同所有,不计入建筑销售收入。维修基金收取比例由省、自治区、直辖市人民政府房地产行政主管部门确定。

$$专项维修费用 M_{22}=购房款\times(2\%\sim3\%)$$

3)用户日常维护和修理费用 M_{23}

用户日常维护成本是和设备(系统)维护有关的时间进度计划成本。用户修理成本是未曾预料到的支出,是为了延长设备(系统)寿命而不是替换这个系统所必需的。有些维护成本每年都会发生,发生频率会不同,而修理成本是不可预见的。随着设备系统使用年限的增加,日常维护费用和修理费用都会不断增加。因此这部分费用应按照实际发生费用来计算。

4)替换更新费用 M_{24}

替换成本是对要求维护一个设施的正常运行,对该设施的主要的建筑系统部件的可以预料到的支出。替换成本是由于替换一个达到其使用寿命终点的建筑物系统或部件而产生的。

一般建筑的寿命暂时假设为 50 年,空调系统的寿命为 $10\sim15$ 年,主机(冷源)的寿命约 20 年,因此在建筑的寿命周期内包含了多个空调系统(这里指非集中空调系统)的寿命周期,空调系统会经历数次替换更新或改造(此处不考虑改造成本)。由于空调系统(其他系统如采暖系统、照明系统、通风系统等)是依附于建筑物的配套设备,而设备领域的全寿命周期成本的研究已相对成熟,这里不多论述。

8.2.6 拆除废弃费用估算

拆除废弃费用 S 由拆除费用 S_1 和废弃费用 S_2 组成。

1. 拆除费用 S_1

拆除费用一般和拆除工程的类型、拆除的部位、施工方案有关。

土建、装饰、维修工程等拆除费用应根据相关规定或修缮定额进行工程量的计算,按照拆除部分套相应的子目或根据各个地方相应建(构)筑物拆除工程预算指导价进行报价,然后结合实际做相应的调整。

由于拆除的环境、复杂程度和场地限制等因素,修缮定额不可能包括所有情况,因此有些拆除费用无法确定。对于这种情况,双方可以根据实际发生的拆除内容,协商确定拆除的费用或者自编定额报造价站批准。

建筑物在拆除过程中,有很多构件、材料仍然具有功能价值,可以循环利用。有的旧物如暖气片、门窗等可以变现,如果能充分利用这些旧物,那么建筑全寿命期成本就可以得到降低。

2. 废弃费用 S_2

废弃费用按残值计算。残值是一个建筑物或建筑物系统在全寿命周期成本分析期末的纯价值。一个选择方案的残值可以是正的或负的。建筑预计的残值等于建筑所形成的固定资产原值乘以残值率。计算残值时固定资产按照直线法计算的折旧,准予扣除。固定资产的预计净残值应当根据固定资产的性质和使用情况,合理确定。一经确定,不得变更。按照新会计法的规定,内资企业残值率是原值 5% 以内的,由企业自行合理确定。外资企业残值不低于原值的 10%,需要少留或不留残值的,应经当地税务机关批准。

$$废弃费用\ S_2 = 固定资产原值 \times 残值率$$

对于建筑物残值率,内资企业取 5%,外资企业取 10%。

8.2.7　环境费用估算

据有关统计数据显示,我国每建成 1 m² 的房屋,碳排放量大约为 0.8 t,城市 60% 的碳排放来源于建筑本身。目前,碳排放量的计算方法没有固定的模式。由于全寿命期少则几十年,多则上百年,尤其是钢结构建筑领域运营和维护阶段的数据采集工作十分困难,加之涉及的参数变化较多,因此量化碳排放量及其费用还需进一步研究和探索。在实证分析时,没有考虑这部分内容。

设碳排放产生的费用为 $T = E \cdot P$,其中 E 表示全寿命周期碳排放量,P 表示国际碳汇价格。具体计算如下:

$$E = E_1 + E_2 + E_3 + E_4 + E_5$$

其中,E_1,E_2,E_3,E_4,E_5 分别表示建材生产、建材运输、建筑施工、建筑运行、建筑拆除阶段的碳排放量。

$$E_1 = \sum \alpha_i Q_{1i}$$

式中:Q_{1i}——第 i 种建材用量;

　　　α_i——第 i 种建材的单位 CO_2 排放系数。

$$E_2 = \sum \eta_i Q_{2i} L$$

式中:Q_{2i}——第 i 种建材用量;

　　　L——第 i 种建材的运输距离;

　　　η_i——运输工具的单位 CO_2 排放系数。

$$E_3 = \sum \beta_i Q_{3i}$$

式中：Q_{3i}——建造施工量；

β_i——对应某种施工工艺的单位 CO_2 排放系数。

$$E_4 = n(\delta_1 Q_{4i} + \delta_2 Q_{4j})$$

式中：Q_{4i}，Q_{4j}——年耗电量、年耗气量；

δ_1，δ_2——电力、燃气的碳排放系数。

$$E_5 = \sum \theta_i Q_{5i}$$

式中：Q_{5i}——拆除施工量；

θ_i——对应某种拆除施工工艺的单位 CO_2 排放系数。

8.2.8 循环经济费用估算

建设资源节约型、环境友好型社会要求大力发展循环经济。发展循环经济是建设资源节约型、环境友好型社会和实现可持续发展的重要途径。坚持开发节约并重、节约优先，按照减量化、再利用、资源化的原则，大力推进节能节水节地节材，加强资源综合利用，完善再生资源回收利用体系，形成低投入、低消耗、低排放和高效率的节约型增长方式。

随着大规模的城市开发与建设，建筑生产所消耗的能源、资源都在大幅度上升。因此，研究钢结构建筑业的循环经济问题，意义更为深远，更符合建筑业可持续发展的要求。

钢结构建筑循环经济特点是低消耗性、循环性与再生性、环境适应性。低消耗性也就是循环经济所提倡的减量化，是循环经济发展的基础。钢结构建筑的循环性与再生性就是循环经济所提倡的再利用与再循环两个方面，钢结构建筑遵循人与自然和谐相处的原则，适应其赖以生存的环境，从而达到与环境的适应协调。

由于钢结构建筑采用"绿色"制造模式，从原料生产、产品使用、拆除回收到循环利用形成一个闭环系统，所产生的经济效益难以量化，本书中不考虑循环经济产生的效益。

8.3　钢结构建筑全寿命周期成本计算

8.3.1　钢结构建筑全寿命周期成本分析原理

全寿命期成本分析（LCCA）也称作寿命经济分析法。美国 ISO 标准对"全寿命周期成本分析"给出的定义："它是工程项目成本的评估方法，旨在优选、对比实现寿命目标的不同措施，即包括初建成本也包括之后的一切运行、维护成本。"

全寿命周期成本分析是项目投资决策的重要分析工具，也是指导建设项目设计的重要思想和手段。从时间跨度看，全寿命周期成本分析覆盖了建设项目的整个寿命周期，指导人们自觉地、全面地考虑建设项目的建造成本和运营维护成本。利用全寿命周期成本分析可以计算出建设项目的全寿命周期成本，并从多个可行性方案中选择、优化设计方案，从而实现更为科学的投资决策，在确保设计质量的前提下，降低建设项目的全寿命周期成本。

全寿命周期成本分析是促进环保，实现建设项目良好社会效益的有效手段。通过控制全寿命周期成本中的环境成本，建议工程项目的建设者进行合理的规划设计，采用节能、节水设施，采用节能建筑材料，注重建筑垃圾的回收和利用。这样，在实现全寿命周期环境成本最小化的同时，也实现了建设项目的可持续发展。

由于国家政策、钢材生产、构件制作、设计研发、标准规范修订等方面的有利因素，近几年我国的建筑钢结构进入了一个全新的发展时期。新材料、新结构体系不断出现，钢结构设计研发、制作安装能力日益强大，建筑钢结构向多样性、适用性、经济性方向发展。但钢结构建筑开发与建设工作的进程依旧缓慢，主要的原因在于人们没有从全寿命周期成本理论的角度对钢结构建筑的技术、经济和环境效益进行分析，从而阻碍了钢结构建筑的发展。因此，有必要对钢结构建筑进行全寿命周期成本分析。

8.3.2 投资决策阶段

投资决策阶段与钢结构建筑项目全寿命周期的后续阶段相比，对于全寿命周期成本起到决定性的作用。根据有关统计资料，项目决策阶段所需投入的费用只占项目全寿命周期成本的很小比例，对项目造价的影响却达到 $80\% \sim 90\%$。图 8.1 给出了全寿命成本及其影响可能性随时间的变化。由图 8.1 可知，随着时间的增加，对全寿命成本影响的可能性在逐渐降低。其中决策阶段影响最大，设计阶段次之，施工、运营阶段影响大幅降低。

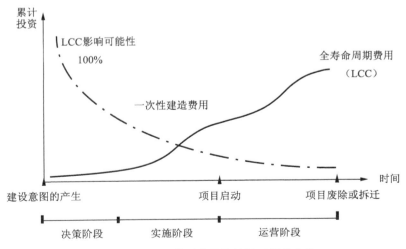

图 8.1 LCC 及其影响可能性随时间的变化

因此,在投资决策阶段进行全寿命周期成本分析,能使决策者自觉地以钢结构建筑全寿命周期成本最小为出发点,综合考虑全寿命周期各阶段的成本,从多个可行性方案中,选择设计方案更科学、建筑材料更合理、运营维护成本更经济、全寿命周期成本最小的投资方案,从而有助于对拟建工程项目做出正确的投资决策。

8.3.3 设计阶段

设计方案的优劣不仅影响建设项目质量和使用功能,也直接影响着建设项目的成本和投资效益。有关研究指出:在初步设计阶段,影响工程造价的可能性为 75%～95%;在技术设计阶段,影响工程造价的可能性为 35%～75%;在施工图设计阶段,影响工程造价的可能性为 5%～35%。因此,设计阶段是确定和控制钢结构建筑全寿命周期成本最重要的阶段,应该最大限度地减少因设计因素对全寿命周期成本的影响。钢结构建筑的经济性能一直是大家最为关注的一个问题。如何控制工程造价,充分发挥钢结构建筑技术经济上的综合优势,工程设计阶段是关键阶段。在英国,从设计阶段就考虑建筑的终身成本,包括生产成本、建筑成本、运营成本、拆除成本、处理成本等。

(1)材料选用方面工程造价控制

我国钢材品种趋于多样化,各种新型建材,如轻质保温墙板、彩涂压型钢板、楼承板等不断开发出来并推广应用。建筑钢结构在设计阶段材料的选择上有了更大的空间。材料选择不同,工程直接费不同,总造价不同。设计阶段合理选择建筑材料,控制材料单价或工程量,是控制工程造价的有效途径。

(2)结构体系方面工程造价控制

不同的结构体系和平面、立面布置对工程造价的影响较明显。在设计阶段,只有根据建筑物的使用功能要求,确定合理的平面、立面布置和结构体系,才能有效控制工程造价,做到经济适用。前面章节已对钢结构建筑层数、层高跨度、楼板结构体系、构件截面的选择对工程造价的影响做了说明,不再赘述。

(3)在规划方案的概念设计上,建筑的总平面布置,建筑单体的朝向、体形系数等都是影响工程造价的重要因素。

钢结构建筑的全寿命期成本综合考虑了建设单位、承包商、勘察设计单位、监理咨询单位、造价咨询单位、物业服务企业、有关政府机构、材料和设备供应商的利益,因此应让这些相关利益主体参与早期设计方案的制定。商议过程中各方参与者应充分各抒己见,共享信息。

8.3.4 建设施工阶段

施工阶段需要投入大量的资金,同时各种资源和能源的消耗也非常集中。

施工阶段周期长,影响因素多,如政策变化、材料、设备市场价格波动等,都会直接影响建设项目全寿命周期成本。在施工期内产生的粉尘、噪声、污染物也会对环境和社会产生影响。

施工阶段成本对整个项目投资影响较小,但这一阶段容易造成投资的超支,所以这一阶段的重点在于成本控制。我国一直非常注重施工阶段的成本控制。成本控制的方法包括优化施工方案、有效合理地控制人工费、材料费、机械费、加强质量管理、严格合同管理、加强签证监督、索赔控制等。

钢结构的施工过程可以说是绿色施工。绿色施工是可持续发展思想在工程施工中的具体体现。绿色施工作为建筑全寿命周期中的一个重要阶段,绿色施工能力将是未来施工企业的核心竞争力。所谓绿色施工是指在工程建设中,在保证质量、安全等基本要求的前提下,通过科学管理和技术进步,最大限度地节约资源与减少对环境负面影响的施工活动,从而实现"四节一环保"(即节能、节地、节水、节材和环境保护)。

钢结构的施工过程是绿色施工过程,体现在以下几个方面:

(1)节水

由于钢结构体系在施工中主要采用干作业,施工现场用水量很少,只有基础施工时用水。这样,建设钢结构建筑仅考虑施工用水每年便可节约大量水资源。

(2)节材

钢材属于可循环使用的材料,有关资料显示,美国为每年钢产量的68%来源于回收的旧钢材。同时钢结构建筑体系复合墙体系统中大部分材料也可以重复使用,以上两项建材是建筑主要构成材料,因此钢结构建筑体系十分节约建材。

(3)节地

由于钢结构建筑体系采用复合墙体,完全可以取代目前我国尚在大量使用的实心黏土砖,减少因烧砖而毁坏的耕地;有效利用土地资源,增加建筑使用面积。钢结构建筑体系采用复合墙体,截面积小于砌体结构和混凝土结构,可增加有效使用面积。

(4)节能

钢结构建筑在建造过程中由于实现了产业化建造,因此能耗低于使用传统建造模式建设建筑物。以 CO_2 排放量一项为例,据台湾相关资料介绍,钢结构建筑为 200 mg/m^3,而钢筋混凝土建筑为 248 mg/m^3。如果采用使用新型节能围护体系,节能效果更加明显。

（5）保护环境

目前我国建筑结构体系主要为砌体结构及混凝土框架结构。据有关资料统计：水泥工业 CO_2 排放量约占全球 CO_2 排放量的 7%，建筑工地噪声约占城市噪声的 1/3。有资料表明，排在空气污染物首位的通常是可悬浮颗粒物，造成可悬浮颗粒物的一个重要因素就是市区内各大施工工地内的砂石、灰土和水泥堆料的扬尘污染。在这一点上，钢结构建筑体系比传统结构体系有更明显的优势。钢结构建筑工地取消或大大减少了现场混凝土搅拌和浇筑，施工现场不再有大量的砂石、水泥堆料，断绝了扬尘。混凝土工程的浇筑振捣会产生很大的噪声，且有时需要夜间连续施工，施工扰民现象很突出。钢结构建筑现场采用装配式施工，不存在大量机械噪声，所占用的施工场地小，现场干式组装，湿作业少，建筑垃圾和水污染少，施工现场较为文明。表 8.3 给出了混凝土结构与钢结构建筑三材在资源能源及环境影响方面的比值，从中可以看出钢结构建筑体系在环境影响方面的优势。

表 8.3　混凝土结构与钢结构建筑三材在资源能源及环境影响方面的比值

mg/m³

项目	消耗资源	消耗能源量	CO_2 排放量
水泥	1.98	2.08	2.08
木材	5.26	5.33	5.33
钢材	0.80	0.87	0.87
总量	1.47	1.08	1.30

8.3.5　运营维护阶段

在运营维护阶段，进行全寿命周期成本分析可以使钢结构建筑管理者制定合理的维护计划，在这期间有计划地对钢结构建筑进行维护，确保钢结构建筑设计寿命的实现。

（1）用户使用费用

用户使用费用，主要指的是在建筑全寿命周期内能源消耗费用。能源消耗包括水、电、热和其他能源的消耗。用户可以通过培养节能好习惯、使用节能家电来降低能耗费用。

（2）维护费用

从钢结构建筑的规划、设计、施工，到交付使用只需要几年时间，而其中构件、设施的维护和保养却长达几十年。因此在运营维护阶段应用全寿命周期成本分析有利于降低运营维护费用，有利于降低全寿命周期成本，有利于设施的运行维护管理。为了延长钢结构建筑的寿命必须加强钢结构建筑的日常维护和保养。

钢结构有一个明显的弱点——容易被腐蚀。据不完全统计,国内每年因腐蚀而造成的经济损失在 400 亿人民币以上,每年 9 000 万吨钢产量中,约 30% 被各种形式的腐蚀消耗掉。钢材受大气中水、氧气和其他污染物的作用而被腐蚀。大气中的水分吸附在钢材表面形成水膜,是造成腐蚀的决定因素。当大气相对湿度小于 60% 时,腐蚀相当轻微;而大于 60% 时,钢材的腐蚀速度会突然升高。钢材的腐蚀过程离不开水、氧气和腐蚀介质,如采取措施将钢材表面同水、氧气和腐蚀介质隔离开来,就可达到阻止钢材腐蚀的目的。目前,钢结构建筑通用的防腐方法主要有热浸锌防腐、喷涂油漆防腐、热喷铝(锌)复合涂层防腐等。

此外,钢结构的防火费用也是不可忽视的一部分。目前,钢结构的防火措施主要有喷涂防火涂料、外包防火板、水泥砂浆包覆等。

钢结构的防腐防火费用和采取的防腐防火措施有关。措施不同,费用不同;即使相同措施采用不同的维护方案,费用也不同。因此采用相关技术经济分析方法进行方案比选很重要。科学合理的涂装方案能大大提高钢结构防腐涂装质量,延长防腐年限及维修间隔,降低防腐成本。防腐涂层设计应考虑防腐年限、装饰性要求、保光保色性要求、是否易于维修等。防火涂料应该考虑其结构类型、耐火极限要求、工作环境等因素。

需要注意的是,要合理科学地确定钢结构建筑各类建筑构件、设施设备经济维修周期,把握好预防性维修和修复性维修(大修)的时机和年限,从而降低维修频率,减少维修费用。

当某些设备设施达到寿命终点或严重故障时必须替换,还有某些设备设施需要升级换代也会发生替换更新。替换更新成本的多少由所替换的设备设施的成本决定。由于这些成本的发生是无法预知的,而且目前这方面积累的数据非常之少,所以只能通过日常加强对设备设施的规范管理和及时维修,避免替换成本发生或降低替换频率,从而减少全寿命期成本。

运营维护费用除了受设计质量的影响外,还与运营阶段的管理密不可分。目前我国建筑的运营管理是由物业服务企业负责的。据相关统计,高达 95% 的物业是"高能耗型"物业,物业管理严重滞后,表现为设施损耗过快、管道跑冒滴漏、空气质量恶化等。要消除这些现象,就要探索新的物业管理模式,实行节能型物业管理。

8.3.6 拆除废弃阶段

传统结构建筑在达到耐久性极限或不能继续使用的处理中会产生大量的建筑垃圾,这些垃圾和废弃物通常是不经任何处理就进行露天堆放或填埋。数据显示,建筑垃圾的数量已占到城市垃圾总量的 30%～40%。随着建筑行业的发展,建筑垃圾的数量与日俱增,严重地污染着我们的生存环境。钢材可回收性的一大优势就是减少了施工中和建筑寿命终了时的固体废弃物数量。据台湾建筑业统计,钢筋混凝土建筑在施工中和日后拆除阶段分别产生 0.14 kg 和 1.23 kg 固体废弃物,而钢结构建筑物拆除垃圾仅为混凝土结构的 1/4。

钢材属于生态环境材料。据统计学家估计,20 世纪 60 年代和 70 年代生产钢的 45% 已经被回收再利用。从耗能来看,技术进步已使炼钢所耗能源比 30 年前减少了 30%。另外,用回收的废钢铁炼钢所需能源是直接用铁矿石炼钢的 35%～40%。而钢结构建筑作为一种新型建筑结构体系,正显示出它作为节能环保型建筑可持续发展的优势。

拆除废弃费用是项目拆除、报废处理发生的费用。拆除费用一般与拆除工程类型、拆除部位、施工方案有关。废弃费用与废弃物的回收和报废方式有关。目前关于钢结构拆除废弃费用的数据资料很少。但是可以推断,如果加强建筑拆除废弃费用的分析,重视废弃物的再利用,就会有利于整个寿命期成本的降低,从而创造更大的经济效益和环境效益。

随着建筑产业走向节能时代,人们会越来越多的关注建筑品质。钢结构建筑恰恰能够实现人们关于绿色生态建筑"健康、舒适、节能、美观"的理想和追求。与传统建筑相比,钢结构建筑可更加节约和有效地利用自然资源,尽可能减少建筑能耗,有效降低 CO_2 排放量,符合社会可持续发展的要求。将全寿命周期成本理论加以推广应用,使得我国居民在购房时将会越来越理性地看待建筑初始投资和运营维护费用,并将二者综合考虑,使得全寿命周期成本最小。配合推广钢结构体系建筑成套技术,加强钢结构市场的管理力度,必将大大促进建筑产业化的快速发展。

8.4 实证分析

8.4.1 项目概况

拟建钢结构建筑项目位于江苏省徐州市。徐州位于北纬 34.26°,东经 117.20°,属于寒冷地区。该地区气候特征是冬季较长且寒冷干燥,四季分明,年日平均气温低于或等于 5 ℃ 的天数占全年的 25%～40%,一般都在 90 天以上,年最高温度高于或等于 35 ℃ 的天数占全年的 22%。建筑节能设计的要求应满足冬季保温要求,兼顾夏季防热。

该项目抗震设防烈度为 7 度。地上 8 层,层高 3.0 m,无地下室。建筑面积 3 869 m²。框架结构,独立基础,柱子采用 Q345B 箱型钢管柱,柱内灌注 C40 混凝土,楼层梁及柱节点板、加劲肋、预埋板隔板等均采用 Q235。采用聚苯乙烯防腐防火涂料。其中,外墙、窗户、屋面的面积分别为 2 636.42 m²,618.00 m²,477.14 m²。

8.4.2 钢结构建筑节能效益分析

根据《江苏省民用建筑热环境与节能设计标准》和《江苏省节能建筑专项验收评分项目标准》,并结合小区的实际地形,确定了该工程的节能设计要点。

1. 本工程采用的节能设计

(1)体形系数:0.27。

(2)南、北、东、西向窗墙比:分别为 0.37,0.23,0.13,0.13。

(3)围护结构作法简要说明。

① 屋顶构造:碎石、卵石混凝土 40 mm+挤塑聚苯板 60 mm+水泥砂浆 20 mm+加气混凝土、泡沫混凝土 80 mm+钢筋混凝土 120 mm+石灰砂浆 20 mm。

② 外墙(分户墙)构造:木塑板 15 mm+酚醛泡沫板 150 mm+木塑板 15 mm。

③ 楼板:水泥砂浆 20 mm+挤塑聚苯板 40 mm+钢筋混凝土 120 mm+石灰砂浆 20 mm。

④ 外窗构造:6 mm 透明玻璃+16 mm 空气+6 mm 透明玻璃—塑料(木)窗框。

为了分析方便,钢筋混凝土建筑的梁和柱均为钢筋混凝土材质,其余同钢结构建筑。

钢结构建筑的外墙选用自主研发生产的外挂式轻质保温复合墙板。墙体构造及连接方式如图 8.2 和图 8.3 所示。该墙体在现场拼装,施工快捷,同时不仅重量轻,保温性能好,又具有装饰效果,非常适合工业化程度较高的钢结构建筑体系。

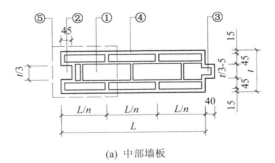

(a) 中部墙板

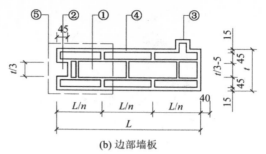

(b) 边部墙板

① 空心部分填充酚醛泡沫保温层；② 凹企口；③ 凸企口；④ 塑木板；⑤ 暗柱

图 8.2　木塑墙板板型和木塑龙骨(隐藏式)构造

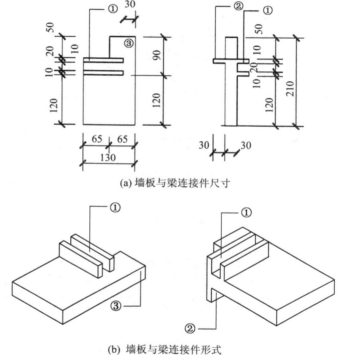

(a) 墙板与梁连接件尺寸

(b) 墙板与梁连接件形式

① 连接件上卡槽；② 连接件下卡具；③ 连接件板托

图 8.3　墙板的连接件构造(无洞口)

首层平面图如图 8.4 所示。

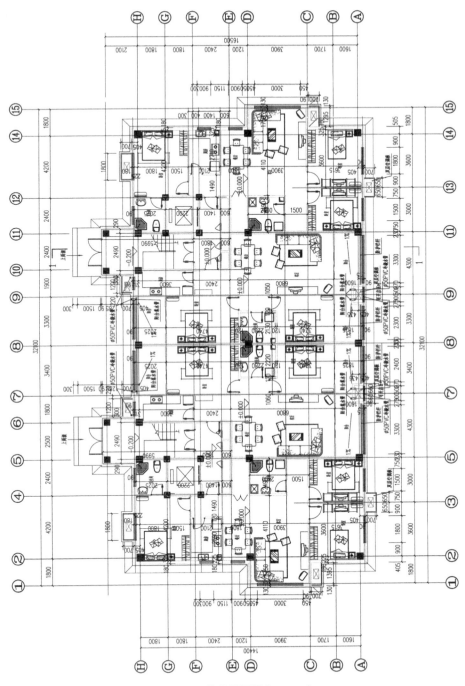

图 8.4　首层平面图(1∶100)

下面对钢结构和混凝土这 2 种建筑体系的围护结构节能效果、能耗成本、全寿命周期做一对比。2 种形式建筑的围护结构方案分别见表 8.4 和表 8.5。为了方便分析,假设 2 种方案的窗、屋面的节能措施相同。

表 8.4　钢结构建筑体系围护方案(方案一)

部位	工程做法	传热系数/ $(W \cdot m^{-2} \cdot K^{-1})$	单价/ $(元 \cdot m^{-2})$
外墙	木塑板 15 mm＋酚醛泡沫板 150 mm＋木塑板 15 mm	0.153	2058
外窗	6 mm 透明玻璃＋16 mm 空气＋6 mm 透明玻璃－塑料(木)窗框	2.600	430
屋面	碎石、卵石混凝土 40 mm＋挤塑聚苯板 60 mm＋水泥砂浆 20 mm＋加气混凝土、泡沫混凝土 80 mm＋钢筋混凝土 120 mm＋石灰砂浆 20 mm	0.431	270

表 8.5　钢筋混凝土建筑体系围护方案(方案二)

部位	工程做法	传热系数/ $(W \cdot m^{-2} \cdot K^{-1})$	单价/ $(元 \cdot m^{-2})$
外墙	190 mm×190 mm×90 mm 厚煤矸石多孔砖	0.540	115
外窗	同钢结构	2.600	430
屋面	同钢结构	0.431	270

注：单价信息摘自 2014 年 12 月《徐州工程造价信息》,计算依据是《2014 版江苏省建筑与装饰工程计价定额》。

2. 能耗模拟

在确定基准方案数据及节能方案后,利用斯维尔软件对其全年能耗量进行模拟计算。本案例采用修正后的用能模拟参数,能耗模拟计算结果见表 8.6。

表 8.6　能耗模拟计算结果

kWh/m²

	钢结构	钢筋混凝土
采暖空调耗电量指标	17.71	21.16
采暖空调耗冷量指标	19.38	38.21

节能率的计算公式为

$$节能率 = 1 - \frac{实际建筑能耗}{能耗限值/(1-65\%)}$$

结合表 8.4 和节能率的计算公式,可计算出该工程的节能率为 75.7%。

3. 能耗成本计算

在钢结构建筑建造中的过程中,其围护结构节能技术的运用降低了建筑物在采暖期的能源消耗。但是由于成本较高,导致新型围护结构节能技术得不到推广应用,从而成为钢结构建筑进一步推广与应用的主要障碍。下面通过实例分析能耗成本。

(1) 已申请峰谷分时电价的居民,要将峰时和谷时电量分开计。峰时段(早8 点—晚 21 点)单价为 0.558 3 元/度,谷时段(晚 21 点—次日早 8 点)单价为0.358 3 元/度。

(2) 没有申请峰谷分时电价的居民,电费二的总用电量 × 单价(0.528 3 元)。如果总用电量未达到第一档用电量就不加价;超过第一档未达第二档的,每度多 0.05 元;超过第二档的,每度多 0.3 元。

(3) 未实行"一户一表"的居民,暂不执行阶梯电价,电价每度0.548 3 元。

为了分析方便,电费取 0.56 元/度。

能耗成本计算见表 8.7。

表 8.7　能耗成本计算

	钢结构体系	钢筋混凝土体系
年累计热负荷/(kWh)	46 691	55 787
年累计冷负荷/(kWh)	51 094	100 738
年总能耗成本/元	54 760	87 654
单位建筑面积能耗成本/元	14.15	22.65
单位建筑面积能耗成本增量/(元·m^{-2})		8.50

由表 8.3 和表 8.4 知方案一和方案二外墙单价分别为 205 元/m^2 和115 元/m^2,工程地上建筑面积为 3 869 m^2,外墙面积为 2 636.42 m^2,钢结构建筑比混凝土建筑围护结构中墙体费用单位建筑面积多投入 $\frac{205-115}{3\ 869} \times 2\ 636.42 =$ 61.33 元/m^2,每年却可以节省使用费 8.50 元/m^2。

很明显,钢结构建筑采用上面提及的围护结构节能措施从经济角度考虑是可行的。

4. 回收期计算

在进行全寿命周期的成本分析和评价时,需要对一些关键的参数进行选择,包括折现率、寿命周期、残值率和通货膨胀率。生命周期成本分析评价的结果依赖于这些参数的设定。这些参数的选择能否反映将来真实发生的情况将会对全寿命周期成本分析的结果产生直接影响,因此,必须要科学地选择这些参数。

这里做如下假设:

① 两栋楼生命周期为 50 年;

② 通货膨胀率取 5%;

③ 名义折现率取 8%(根据通货膨胀率和名义折现率,可以计算出实际折现率为 2.85%);

④ 残值率取 5%。

现金流量表见表 8.8。

表 8.8 现金流量表

年份	n	现金流/元	折现系数	折现净现金流/元	累计净现金流/元
2015 初	0	−61.33	1.000	−61.33	−61.33
2016	1	8.50	0.972	8.26	−53.07
2017	2	8.50	0.945	8.03	−45.04
2018	3	8.50	0.918	7.81	−37.23
2019	4	8.50	0.893	7.59	−29.64
2020	5	8.50	0.868	7.37	−22.27
2021	6	8.50	0.843	7.17	−15.10
2022	7	8.50	0.820	6.97	−8.13
2023	8	8.50	0.797	6.77	−1.36
2024	9	8.50	0.774	6.58	5.22
⋮	⋮	⋮	⋮	⋮	⋮
2065 末	50	12.08			

$$\Delta NPV = -61.33 + 8.50 \times (P/A, i, n) + 4.5 \times (P/F, i, n)$$
$$= -61.33 + 8.50 \times (P/A, 2.85\%, 501 + 4.5 \times (P/F, 2.85\%, 50)$$
$$= -61.33 + 8.50 \times 26.43$$
$$= 163.33 > 0$$

式中:ΔNPV——财务净现值;

$\quad$ P——现值;

$\quad$ A——年金;

$\quad$ i——社会折现率;

F——终值；

n——计息周期。

资金回收年数

$$P_{\mathrm{d}}=9-1+\frac{1.36}{6.58}=8.21 \text{ 年}$$

虽然复合墙板的保温措施会增加工程一次性投资,钢结构节能建筑比钢筋混凝土节能建筑多投入了约 8%,但在使用过程中可节省大量空调采暖费用,实际上是为业主节省了投资。通过使用过程中节约能源,减少运营费用,这些多投入的资金 8.21 年可以收回。

5. 全寿命周期经济评价

为比较围护结构节能方案的优越性,运用全寿命周期评价法对 2 种不同方案进行比较。

全寿命周期的成本包括建造费用 C、运营维护费用 M、拆除废弃费用 S。在这里,假设前期费用相同,考虑到资金时间价值,全寿命周期成本现值为

$$LCC=C+M(P/A,i,n)+S(P/F,i,n)$$

根据徐州市场价格,围护结构方案一建造成本价格为 241.64 元/m²,方案二建造成本为 180.32 元/m²,假设 2 种方案的运营维护费用相同,拆除阶段费用均按建造成本的 5% 来计算。

2 种方案的全寿命周期成本现值分别为

方案一:$LCC_1=241.64+14.15(P/A,2.85,50)+12.08(P/F,2.85,50)$

方案二:$LCC_2=180.32+22.65(P/A,2.85,50)+9.02(P/F,2.85,50)$

通过计算,$LCC_1<LCC_2$。按照全寿命期成本最小的原则,选择方案一为优。

通过上述实例证实,钢结构建筑围护结构节能技术的应用使节能效果达到了 75.7%。与钢筋混凝土建筑相比,虽然建造成本较高,但其回收期只需 8.21 年。利用本书提出的新型夹芯式保温复合墙体,可以提高施工速度、减轻结构自重、改善保温效果,同时兼顾防腐、防火性能,并且 100% 可以回收,循环利用,对环境没有污染。综合考虑,这种新型复合墙体节能效果明显,性价比较高,可以降低围护结构的全寿命周期成本,具有很好的推广应用前景。

虽然目前民众的节能意识尚不很高,许多房地产开发商也不愿在节能上有更多的投入,但是随着各地政府节能鼓励政策的相继出台,以及节能技术与管理办法的进一步完善,必将推动围护结构节能技术的广泛应用,从而有利于钢结构节能住宅的开发与推广。

8.4.3　全寿命周期成本估算

1. 估算说明

（1）目前徐州市对于钢结构住宅没有优惠政策，前期准备费用与混凝土结构相同，均为 350 元/m²。

（2）根据施工图，结合《2014 江苏省建筑与装饰工程计价定额》，计算得混凝土结构住宅方案的建造费用是 906 元/m²，钢结构住宅方案的建造费用是 1 088 元/m²（只考虑土建部分）。

（3）为了方便比较，假定购置费相同，用户日常维修和修理费用和替换更新费用不予考虑。

2. 运营成本估算

（1）物业管理费估算

按照 0.5 元/(m²·月)计算，一年的物业管理费是 6.0 元/m²。

（2）水费估算

水费和除去空调用电外的电费均取决于业主的节能行为，这部分费用大约为 5 元/(m²·年)。

（3）采暖费估算

对于轻钢结构住宅方案的采暖费、空调费可以采用参数法和类比法进行估算。假设每户平均建筑面积 83.50 m²。

根据前面能耗模拟计算结果，全年的节能率为 75.7%。目前，徐州市采用集中供热的方式，采暖费为 20.0 元/(m²·年)。由于混凝土住宅能达到节能 50%的标准，而钢结构住宅节能可以达到 75.7%。估算可得，轻钢结构住宅方案采暖费约为 14.86 元/(m²·年)。

（4）空调费估算

对于徐州天气，每年使用空调的时间有 4 个月，故空调使用天数按每年 122 天计算，电费为 0.56 元/℃，夏天室外平均温度取 34 ℃，室内平均温度取 26 ℃；每户平均建筑面积为 83.50 m²。根据计算，每年的空调耗电费用约为 $122 \times (34 - 26) \times 0.56 / 83.50 = 6.55$ 元/(m²·年)，而轻钢结构结构建筑方案的空调费为 4.86 元/(m²·年)。

因此，混凝土结构建筑的运营费用为

$$(6.0 + 5.0 + 20.0 + 6.55) \times \frac{(1 + 8\%)^{50} - 1}{8\% \times (1 + 8\%)^{50}} = 37.55 \times 12.23 = 459.24 \text{ 元}$$

钢结构建筑的运营费用为

$$(6.0 + 5.0 + 14.86 + 4.87) \times \frac{(1 + 8\%)^{50} - 1}{8\% \times (1 + 8\%)^{50}} = 30.73 \times 12.23 = 375.83 \text{ 元}$$

3. 维修费用估算

由于目前借鉴的数据相当匮乏,根据专家意见进行费用估算,混凝土结构构件维修费用大约为 160 元/(次·m²),10 年进行一次大修,折成现值为

$$160 \times \left[\frac{1}{(1+8\%)^{10}} + \frac{1}{(1+8\%)^{20}} + \frac{1}{(1+8\%)^{30}} + \frac{1}{(1+8\%)^{40}} + \frac{1}{(1+8\%)^{50}} \right] = 135.68 \ 元/m^2$$

钢结构建筑由于采用了废聚苯乙烯乳液防火涂料,该涂料具有附着力强、硬度大、耐洗刷性好、阻燃效果好等优点,不但成本低廉,而且最大限度地避免了施工中对环境的再污染。因此,维修费用估算为 100 元/(次·建筑平方米),15 年进行一次大修,折成现值为

$$100 \times \left[\frac{1}{(1+8\%)^{15}} + \frac{1}{(1+8\%)^{30}} + \frac{1}{(1+8\%)^{45}} \right] = 44.5 \ 元/m^2$$

4. 拆除费用及残值估算

(1) 拆除费用估算

拆除费用一般和工程类型、拆除方案有关,一般钢筋混凝土建筑物的拆除成本按照建设期成本的 10% 计算。考虑到钢结构建筑方案的回收利用率达 90% 以上,混凝土结构建筑方案的回收利用率几乎为零,因此,拆除费用分别计算如下:

$$(钢筋混凝土结构)906 \times 10\% = 90.6 \ 元/m^2$$
$$(钢结构)1\ 088 \times 5\% = 54.4 \ 元/m^2$$

(2) 残值估算

残值率的选择对建筑残值的估算有很大的影响,不同结构类型,残值率有所不同,一般取 5%,2 个方案残值分别计算如下:

$$(钢筋混凝土结构)906 \times 5\% = 45.3 \ 元/m^2$$
$$(钢结构)1\ 088 \times 5\% = 54.4 \ 元/m^2$$

5. 全寿命周期成本估算

通过上述分析与计算,可以将两个方案的全寿命周期成本做一对比。具体见表 8.9。

表 8.9　两个方案全寿命周期成本对比表

元/m²

费用项目		混凝土结构	钢结构	备注
初始投资	前期费用	350	350	所有费用折算为 2015 初现值
	建造费用	906	1 088	

费用项目		混凝土结构	钢结构	备注
运营维护费用	运营费用	459.24	375.83	所有费用折算为 2015 初现值
	维修费用	135.68	44.50	
拆除费用	拆除费用	90.6	54.4	
	残值	−45.3	−54.4	
合计		1 896.22	1 858.33	

由表 8.9 可以看出,方案一的建造费用投资占全生命周期成本的 47.78%,运营成本占全生命周期成本的 31.37%;方案二的建设成本占全生命周期成本的 58.54%,运营成本占全生命周期成本的 22.61%,运营成本少于方案一,而且全生命周期成本比方案一低 2%。

如果设折现率为 6%,那么方案一的建造费用投资占全生命周期成本的 44.66%,运营成本占全生命周期成本的 35.86%;方案二的建设成本占全生命周期成本的 55.31%,运营成本占全生命周期成本的 26.89%,运营成本少于方案一,而且全生命周期成本比方案一低 3%。

由上述分析看出,虽然钢结构方案在建造阶段所产生的成本高于钢筋混凝土结构方案,但是运营成本却比钢筋混凝土结构方案低,而且全生命周期成本较混凝土结构建筑方案低。不但如此,钢结构建筑在节能、节地、节材、节水、环境保护方面都具有很大的优越性。

(1)节能

钢结构建筑的外墙选用自主研发生产的外挂式轻质保温复合墙板(木塑板 15 mm+酚醛泡沫板 150 mm+木塑板 15 mm)。在提高施工速度、减轻结构自重、改善保温效果的同时,兼顾防腐、防火性能,又具有装饰效果,并且材料 100%可以回收,循环利用,对环境没有污染。仅围护结构节能技术的应用使采暖耗热量指标达到了节能 75.7%,有效地降低了建筑物的能量消耗,同时极大地提高了建筑物室内热环境的舒适度,大大超过了 50%的强制节能标准。

(2)节材

主体结构采用钢结构,循环利用率可达 90%,装配式楼承板底模可重复使用,成本降低,施工质量容易保证。与钢筋混凝土柱相比,在承受同等荷载情况下,截面减少 50%以上,可以节省 30%~50%的钢材,节约混凝土 60%~70%,更能节约木材等其他建筑材料。

(3)节水

由于钢结构建筑的构件都是在加工厂预制,装配化施工,加之施工周期短,本案例中可以缩减 1/3 工期,节水效益十分明显,施工用水会比普通建筑节省 1/2。

（4）节地

在相同的建筑面积下,钢结构建筑可使每户居民增加使用面积5%～8%, 本案例中为 5.13%,这不仅可以提高钢材的使用率,还有效节省了土地资源。

（5）环境保护

传统的混凝土建筑在建造、使用和拆除过程中,大量消耗能源和资源,同时产生大量垃圾和废弃物。与钢筋混凝土结构相比,钢结构能源、资源消耗量少,循环利用高,全生命周期内的碳排放量减少。建设部发布的信息表明,建筑业的 CO_2 排放占全国总体碳排放的 43.7%,随建设活动所排出的废弃物约占城市废弃物的 40%。而在我国目前的建筑规模条件下,轻钢结构建筑每年可减少由于制造砖砌体及水泥所排放的 CO_2 约 5 亿吨。这就要求从全生命周期的角度出发,控制建筑物在建设、维护、使用和拆除各个阶段的能耗以及生命周期每个环节的碳排放量,从而实现节能减排、低碳环保。

9 结论与展望

9.1 结论

目前我国钢结构建筑正处于快速发展阶段,但适合钢结构建筑且满足建筑节能要求的外墙板种类不多。随着人们环保意识的提高和国家对环保经济、循环经济的倡导,由木塑复合材料制成的木塑自保温外墙板在建筑工程中有广阔的应用前景。针对目前国内钢结构适用的外墙板的不足,本书进行了创新性的研究,主要针对木塑自保温外墙体系进行了设计,设计计算了木塑自保温外墙体系的无洞口和有洞口处的连接件,并利用有限元软件 Midas 对无洞口和有洞口的墙板进行模拟,对木塑自保温外墙体系主要节点连接方式进行了设计,对其施工方法、施工技术进行了研究,为木塑自保温外墙体系的研究提供实用的设计方法。

本书主要包括以下几个部分:

(1)以基本风压较大的深圳地区为例,对无洞口的木塑自保温外墙板的连接方式进行设计,给出具体的连接件尺寸及连接方式,并对连接件的两种连接方式——螺栓连接和焊接连接,进行了技术经济对比,为无洞口的木塑自保温外墙体系的设计提供了实用的设计方法。

(2)以深圳地区为例,对有洞口的木塑自保温外墙板的连接方式进行设计。通过计算在竖向荷载和水平风荷载作用下竖向龙骨和横向龙骨的强度和挠度,确定了连接件的尺寸;同时对不同尺寸的洞口处的连接件进行了设计,设计了两种连接件尺寸,并确定出了洞口尺寸大小与连接件形式的选择关系,为有洞口的木塑自保温外墙体系的设计提供了实用的设计方法。

(3)通过有限元软件 Midas,对单一墙板、无洞口和有洞口 3 种木塑外墙板进行数值模拟,对木塑外墙板的变形和应力进行了分析。通过比较得出,无洞口和有洞口的木塑外墙板采用本书中所设计的焊接、栓接连接件时,其变形和应力都在允许值之内,且有限元结果与计算得出的结果比较吻合,从理论上验证了连接件的可靠性。

（4）通过 3 种吊挂方式进行了木塑外墙板的吊挂力试验，确定出最优的吊挂方式及吊挂力，同时设计了木塑外墙板吊挂节点的连接方式。

（5）编制了《阻燃木塑—酚醛树脂整体式节能外挂复合墙板建筑构造》图集，设计了木塑自保温外墙体系的主要节点连接方式，如木塑板与钢框架的连接方式、洞口处连接方式、墙板内管线布置、墙板与地面连接方式、墙板之间连接方式、墙板与转角板之间的连接方式、整板与非整板之间的连接方式与构造等。

（6）使用清华斯维尔节能软件 BECS2014 进行了节能设计计算与分析，主要针对木塑节能外挂墙板在我国寒冷地区、夏热冬冷地区和夏热冬暖地区类地区的适用性及其是否能够满足节能要求进行分析，同时分析钢结构建筑物的节能能效情况。经过节能分析，采用本书中所开发的复合墙板，在保证其他构件节能效果和施工质量前提下，在寒冷地区、夏热冬冷地区和夏热冬暖地区的节能率均大于 65% 的预设要求，三类地区的适用性良好。

（7）参考我国现有的外墙板规范和墙板施工方法和施工技术，对钢框架木塑自保温外墙体系的施工方法和施工技术进行了研究，探讨了木塑外墙板的施工准备、施工技术、施工验收标准及施工过程中的注意事项，给出了木塑自保温外墙体系的具体施工方法和施工技术，为以后的具体施工提供依据和参考。

（8）经过全寿命周期成本分析，采用新型节能整体式外挂墙板，虽比混凝土结构建筑投入多约 8%，但使用过程中运营费用减少，多投入的资金约 8 年可以收回成本，全寿命周期内经济效益和社会效益显著。

9.2 项目工程应用预期效果

本项目开发了阻燃木塑—酚醛树脂整体式节能外挂复合墙板用于钢结构工程中，并进行了试点钢结构工程的建筑施工图设计、结构施工图设计及其节能计算与分析，下一步将在深圳金鑫钢结构建筑安装工程有限公司等合作单位支持下选取试点工程进行应用。由于所开发外挂复合墙板广泛适用于寒冷地区、夏热冬冷地区和夏热冬暖地区的钢结构建筑，预计其应用将会收到良好的节能效果、经济效益和社会效益。

9.3 展望

木塑自保温外墙板是一种新型的墙板，理论研究不够成熟，对木塑自保温外墙体系的设计研究尚属空白，有待进一步研究的主要问题有：

（1）本书中所设计的连接件和连接形式，在以后的工作中需要进一步的研究，以达到连接形式的优化设计。

（2）对木塑自保温外墙体系的施工技术研究，仅参考的其他外墙板的规范和施工方法，所以木塑外墙板的施工技术和施工方法尚不完善，需要在实际工程中加以应用并得到进一步的提高和完善。

（3）未对木塑自保温外墙体系的耐久性进行研究。在后续工作中，应研究木塑板专用的涂料，在木塑墙板表面涂刷来提高体系的耐久性。

（4）本书只对全寿命周期成本进行了估算，精确度有待提高。后续应结合实际工程应用和量测得出实际的全寿命周期成本的精确结果，以作为业主决策依据。

参考文献

[1] 胡军芳.钢结构住宅体系分析[J].安徽建筑工业学院学报（自然科学版），2005(4)：30－32.

[2] 曹现雷.国内钢结构的发展与对策[A].庆祝刘锡良教授八十华诞暨第八届全国现代结构工程学术研讨会论文集[C],2008.

[3] 李双营,于江.钢结构住宅的优势及其在我国的发展趋势[J].四川建筑,2009(6)：1－5.

[4] 王益,刘泽华.浅谈我国钢结构住宅的发展现状和前景[A].土木建筑学术文库（第12卷）[C],2009.

[5] 姚兵.站在新的历史起点上全面推进钢结构行业新型工业化的跨越式发展[J].中国建筑金属结构,2009(6)：18－23.

[6] 房志勇,周涛.低层钢结构住宅外墙墙体材料的选择[J].墙材革新与建筑节能,2005(4)：21－23.

[7] 姚兵,于春刚.住宅产业化　钢结构住宅围护体系及发展策略研究[D].同济大学工学博士学位论文,2006.

[8] 付瑛琪,张纪刚,陈洪昌,等.木塑板力学性能试验研究与分析[J].青岛理工大学学报,2009(1)：31－34.

[9] 刘晓英,迁宝明,于德湖,等.木塑自保温外墙板的研究现状[J].青岛理工大学学报（增刊）,2005,7(29)：72－74.

[10] Markarian J. Additive developments aid growth in wood-plastic composites[J]. Plastics, Additives and Compounding, 2002,4(11)：18－21.

[11] 岳敏,刘建.新型建材—塑木（WPC）[J].江苏建材,2006(4)：25－26.

[12] 雷湘军,孙振国.具有发展前途的木塑复合材料[J].国外塑料,2005,23(12)：32－35.

[13] 季建仁.塑木复合材料（WPC）产品介绍[J].塑料制造,2006(6)：16－19.

[14] 苑东兴,刘容德,史贞,等.木粉填充聚乙烯复合材料的研究[J].塑料工业,2003,31(5):24—27.

[15] 廖建平.抓住机遇加速塑木复合材料产业的发展[J].建材工业信息,2003(10):4—5.

[16] 王冰,王光,危立宏,等.谈工业木粉生产的几个问题[J].林业机械与木工设备,1999,27(1):15—16.

[17] 钟鑫,薛平,丁筠.改性木粉 PVC 复合材料的性能研究[J].中国塑料,2004,18(3):62—66.

[18] 梅阳,郭春生,宋振.我国钢结构住宅的发展与展望[J].建筑技术开发,2007(2):78.

[19] 王玉平.GRC 空心轻质隔墙板施工技术[J].建筑设计,2005,33(4):124.

[20] 孙泉.钢结构住宅中煤矸石轻骨料混凝土外墙板系的研究[D].太原理工大学硕士学位论文,2004.

[21] 张武廷.单元式新型保温外墙板在高层钢结构住宅中的应用[J].新型建筑材料,2008(2):24—26.

[22] 鲍威,全威,吕海川,等.夹心复合保温外墙板在高层钢结构中的应用[J].新型墙材,2008(4):26—28.

[23] 许民,姜晓冰,王克奇.塑木复合材料的研究现状与应用前景[J].林业科技,2004,29(3):41—43.

[24] 沈祖炎,陈扬骥,陈以一.钢结构基本原理[M].北京:中国建筑工业出版社,2004.

[25] 朱志杰.建筑工程造价手册(第二版)[M].北京:华南理工大学出版社,2003.

[26] 北京迈达斯技术有限公司.Midas FEA 用户手册(第一册):操作指南与基本例题.2012.

[27] 李春香.大型玻璃墙板施工工法[J].建筑施工,2008,30(4):306—307.

[28] 李建.加气钢网轻质墙板施工技术[J].建厂科技交流,2008,34(1):25.

[29] 刘晓英.木塑自保温外墙体系关键问题研究[D].青岛理工大学硕士学位论文,2009.

[30] 黄现宁,姜曙光,苏小磊.兵团农场钢结构住宅外围护结构设计研究[J].建筑科学,2013(4):53—57.

［31］中国建筑标准设计研究院.轻钢龙骨石膏板隔墙、吊顶（07CJ03-1）［M］.北京：中国计划出版社,2007.

［32］钱余海.多层钢结构住宅的经济性分析［J］.建筑经济,2008（S2）：54—55.

［33］曹小琳,屈婷.低碳建筑全寿命周期费用估算模型研究［J］.建筑经济,2008（6）：92—95.

［34］刘红梅,朱水娣,刘树青.建筑围护结构节能技术应用与经济分析［J］.新型建筑材料,2010（11）：44—47.

［35］刘炳南,闫静茹.保温材料在围护结构中的全寿命周期经济评价［J］.建筑经济,2012（8）：102—104.

［36］袁建新.袖珍建筑工程造价计算手册［M］.北京：中国建筑工业出版社,2015.